华南区域气候变化评估报告
决策者摘要及执行摘要(2012)

《华南区域气候变化评估报告》编写委员会　编著

气象出版社
China Meteorological Press

内容简介

华北、东北、华东、华中、华南、西南、西北以及新疆八个区域气候变化评估报告由中国气象局组织八个区域气象中心实施,共有43个单位的169位专家参与了评估报告的编写。

《华南区域气候变化评估报告》共分两篇12章。第一篇科学基础分7章,主要描述华南区域气候变化的基本事实、主要特征和可能原因,并对未来华南区域气候变化趋势做出预估;第二篇气候变化的影响与适应分5章,从不同领域、不同省(区)进行气候变化影响评估。《华南区域气候变化评估报告》以满足华南区域各省(区)应对气候变化的需求为目标,全面综合、归纳国内外有关华南区域气候变化科学研究的最新成果,凝练出了重要的区域气候变化科学结论。

本书以《华南区域气候变化评估报告》为基础,凝练出华南区域气候变化评估报告决策者摘要和执行摘要,供华南区域内的各级决策部门,以及气候、气象、经济、水文、海洋、农林牧、地质和地理等领域的科研与教学人员参考使用。

图书在版编目(CIP)数据

华南区域气候变化评估报告决策者摘要及执行摘要/《华南区域气候变化评估报告》
编写委员会编著. —北京:气象出版社,2012.12
ISBN 978-7-5029-5659-2

Ⅰ.①华… Ⅱ.①华… Ⅲ.①气候变化-研究报告-中南地区 Ⅳ.①P468.26

中国版本图书馆 CIP 数据核字(2012)第 319457 号

出版发行:气象出版社

地　　址:北京市海淀区中关村南大街 46 号	邮政编码:100081
总 编 室:010-68407112	发 行 部:010-68407948　68406961
网　　址:http://www.cmp.cma.gov.cn	E-mail: qxcbs@cma.gov.cn
责任编辑:张　斌　隋珂珂	终　　审:周诗健
封面设计:博雅思企划	责任技编:吴庭芳
印　　刷:北京中新伟业印刷有限公司	
开　　本:880×1230　1/16	印　　张:9
字　　数:234 千字	彩　　插:8
版　　次:2013 年 5 月第 1 版	印　　次:2013 年 5 月第 1 次印刷
定　　价:40.00 元	

《华南区域气候变化评估报告》编写委员会

编写领导小组

组　长：许永锞　广东省气象局
副组长：庄旭东　广东省气象局
成　员：韦力行　广西壮族自治区气象局
　　　　王春乙　海南省气象局

编写专家组

组　长：杜尧东　广东省气象局
副组长：刘锦銮　广东省气象局
　　　　陆　虹　广西壮族自治区气象局
　　　　陈汇林　海南省气象局
成　员：何　健　广东省气象局
　　　　段海来　广东省气象局
　　　　吴　慧　海南省气象局
　　　　李艳兰　广西壮族自治区气象局
　　　　齐义泉　中国科学院南海海洋研究所
　　　　胡　飞　华南农业大学
　　　　赵黛青　中国科学院广州能源研究所
　　　　伍红雨　广东省气象局
　　　　王　华　广东省气象局
　　　　唐力生　广东省气象局
　　　　陈建耀　中山大学
　　　　谷德军　中国气象局广州热带海洋气象研究所
　　　　艾　卉　广东省气象局
　　　　程旭华　中国科学院南海海洋研究所
　　　　陈晓宏　中山大学
　　　　房春艳　中山大学
　　　　胡娅敏　广东省气象局
　　　　何　慧　广西壮族自治区气象局
　　　　刘蔚琴　广东省气象局
　　　　黎伟标　中山大学
　　　　李湘姣　广东省水文局
　　　　刘绿柳　国家气候中心
　　　　莫伟强　广东省东莞市气象局
　　　　许崇海　中国气象局气象探测中心
　　　　翟志宏　广东省气象局
　　　　曾　侠　广东省气象局
　　　　吴晓绚　广东省气象局

《华南区域气候变化评估报告》评审专家

（包括初审、预评审、终审专家）

丁一汇　国家气候中心
沈晓农　中国气象局
罗云峰　中国气象局科技与气候变化司
宋连春　国家气候中心
巢清尘　国家气候中心
任国玉　国家气候中心
姜　彤　国家气候中心
刘洪滨　国家气候中心
徐　影　国家气候中心
许红梅　国家气候中心
袁佳双　中国气象局科技与气候变化司
郭建平　中国气象科学研究院
王国庆　水利部南京水利科学研究院
林而达　中国农业科学院农业环境与可持续发展研究所
潘学标　中国农业大学

《华南区域气候变化评估报告》评审部门

广东省发展和改革委员会
广东省科技厅
广东省农业厅
广东省水文局
广东省林业厅
广东省海洋与渔业局
华南农业大学
中国科学院南海海洋研究所
中国科学院广州能源研究所

序

当前全球气候正经历着以变暖为主要特征的显著变化,由此引起了一系列气候和环境问题,并对农业、林业、水资源、自然生态系统(如草原、湖泊湿地、冰川和冻土等)、人类健康和社会经济等产生了显著影响,成为全球可持续发展面临的最严峻挑战之一,受到了社会各界的广泛关注。

我国幅员辽阔,气候多样复杂,区域经济特点和发展水平差异大,利用气候资源和应对气候变化所面临的挑战和途径也不尽相同。为此,中国气象局于 2008 年组织专家开展了全国区域气候变化评估工作,旨在为区域应对气候变化工作提供科学认识和基础支撑。

华南区域(广东省、广西壮族自治区、海南省)作为我国改革开放的先行地区,在现代制造业、旅游业、海洋经济开发、城市建设等方面快速发展,并形成了有较强竞争力的产业链和产业集群。"十二五"期间,华南区域将面临着珠江三角洲区域经济一体化、广西北部湾经济区发展、海南国际旅游岛建设等重要战略机遇。同时,气候变化和城市化也将使华南区域面临着更高的极端灾害风险和更脆弱的气候变化影响,特别是沿海地区将更易受到热带气旋、强降水、洪涝灾害、高温热浪、灰霾、雷电和海平面上升的直接威胁,城市化进程中的城市发展与节能减排、低碳发展与适应气候变化等挑战将更大。为此,在广东省、广西壮族自治区、海南省气象部门科研人员的共同努力下,历时 2 年半完成了《华南区域气候变化评估报告》,即将付梓出版。该报告对华南区域气候变化的基本事实、影响与适应进行了科学评估,从海岸带、农业、水资源、能源、人体健康、旅游等领域出发,提出了区域适应气候变化的措施及建议。为了便于政府决策部门和广大公众的理解和应用该报告成果,报告执笔人又在科学报告的基础上,编写了报告的决策者摘要和执行摘要,向读者传递关键的信息。我很高兴为此撰写序言,并推荐给政府决策部门、科技人员及广大读者。我还要特别向为此评估报告及决策者摘要的编辑和出版作出贡献的科技人员表示衷心感谢!

郑国光

中国气象局局长

2012 年 9 月

目　录

华南区域气候变化评估报告
决策者摘要

1 引言 …………………………………………………………………………………（ 3 ）

　1.1 《报告》的意义、范围及与《气候变化国家评估报告》的联系 …………………（ 3 ）

　1.2 《报告》使用的资料和评估方法 …………………………………………………（ 4 ）

2 气候变化观测事实、影响与原因 ……………………………………………………（ 4 ）

　2.1 观测到的气候变化 …………………………………………………………………（ 4 ）

　2.2 观测到的气候变化影响 ……………………………………………………………（ 8 ）

　2.3 区域气候变化的原因 ………………………………………………………………（ 10 ）

3 未来气候变化趋势与可能影响 ………………………………………………………（ 10 ）

　3.1 未来气候变化趋势 …………………………………………………………………（ 10 ）

　3.2 未来可能的影响 ……………………………………………………………………（ 11 ）

4 不确定性分析 …………………………………………………………………………（ 13 ）

5 适应气候变化的政策和措施 …………………………………………………………（ 13 ）

　5.1 海岸带 ………………………………………………………………………………（ 13 ）

　5.2 农业 …………………………………………………………………………………（ 14 ）

　5.3 水资源 ………………………………………………………………………………（ 14 ）

　5.4 能源 …………………………………………………………………………………（ 15 ）

　5.5 人体健康 ……………………………………………………………………………（ 15 ）

　5.6 旅游 …………………………………………………………………………………（ 15 ）

　5.7 气象防灾减灾 ………………………………………………………………………（ 15 ）

华南区域气候变化评估报告
执行摘要

第一篇　科学基础 ………………………………………………………………………（ 19 ）

第 1 章　绪论 ……………………………………………………………………………（ 19 ）

　1.1 华南区域自然、经济和社会概况 …………………………………………………（ 19 ）

　1.2 本报告编制的目的 …………………………………………………………………（ 19 ）

　1.3 本报告使用的资料和评估方法 ……………………………………………………（ 20 ）

第 2 章　基本气候要素变化事实分析 …………………………………………………（ 21 ）

　2.1 气温 …………………………………………………………………………………（ 21 ）

　2.2 降水 …………………………………………………………………………………（ 23 ）

　2.3 相对湿度 ……………………………………………………………………………（ 27 ）

2.4 日照 ……………………………………………………………（27）

2.5 风速 ……………………………………………………………（28）

2.6 云量 ……………………………………………………………（29）

2.7 蒸发 ……………………………………………………………（30）

第3章 极端天气气候事件和天气现象变化事实分析 ………………（31）

3.1 高温 ……………………………………………………………（31）

3.2 低温 ……………………………………………………………（33）

3.3 暴雨 ……………………………………………………………（35）

3.4 雾、灰霾 ………………………………………………………（37）

3.5 雷暴 ……………………………………………………………（39）

3.6 热带气旋 ………………………………………………………（40）

3.7 南海夏季风 ……………………………………………………（42）

第4章 珠江三角洲城市化对区域气候变化的影响 …………………（45）

4.1 珠江三角洲城市化对热岛效应的影响 ………………………（45）

4.2 珠江三角洲城市化对降水的影响 ……………………………（48）

第5章 21世纪气候变化趋势预估 ……………………………………（55）

5.1 全球气候变化情景和模式选择 ………………………………（55）

5.2 资料来源 ………………………………………………………（57）

5.3 全球气候模式对华南区域温度、降水变化的模拟和预估 …（58）

5.4 区域气候模式对华南地区温度、降水变化的模拟和预估 …（64）

第6章 21世纪极端气候事件变化的分析 ……………………………（68）

6.1 模式、资料及极端气候事件的确定 …………………………（68）

6.2 模式对极端气候事件的模拟能力 ……………………………（69）

6.3 未来极端气候事件变化分析 …………………………………（76）

6.4 结论 ……………………………………………………………（80）

第7章 气候变化不确定性分析 ………………………………………（82）

7.1 气候变化不确定性的来源 ……………………………………（82）

7.2 华南区域气候变化不确定性评价 ……………………………（83）

第二篇 气候变化的影响与适应 ……………………………………（84）

第8章 海岸带 …………………………………………………………（84）

8.1 华南海岸带概况 ………………………………………………（84）

8.2 观测到的气候变化对海岸带的影响 …………………………（84）

8.3 未来气候变化对海岸带的可能影响 …………………………（86）

8.4 华南海岸带应对气候变化的对策与建议 ……………………（91）

第9章 农业 ……………………………………………………………（93）

9.1 华南区域农业概况 ……………………………………………（93）

9.2 观测到的气候变化对农业的影响 ……………………………（93）

9.3 未来气候变化对农业的可能影响 ……………………………（101）

9.4 农业防范和适应气候变化的对策与建议 ……………………（104）

第10章 水资源 ………………………………………………………（106）

10.1 华南区域水资源概况 …………………………………………（106）

10.2 观测到的气候变化对水资源数量的影响 ……………………（106）

10.3 气候变化对水资源质量的影响 ······················ (109)

10.4 未来气候变化对水文水资源的可能影响 ················ (110)

10.5 水资源适应气候变化的对策与建议 ·················· (112)

第 11 章 能源 ···································· (115)

11.1 华南区域能源形势 ·························· (115)

11.2 气候变化对能源影响的评估方法 ················ (115)

11.3 观测到的气候变化对能源的影响 ················ (117)

11.4 未来气候变化对能源的可能影响 ················ (121)

11.5 适应选择与对策建议 ························ (122)

第 12 章 分省(区)重点领域 ······················ (124)

12.1 气候变化对广东珠江三角洲城市群人居环境的影响 ······ (124)

12.2 气候变化对广西生态环境的影响 ················ (125)

12.3 气候变化对海南人体健康和旅游的影响 ············ (126)

附录 重要概念 ································ (130)

参考文献 ···································· (131)

华南区域
气候变化评估报告
决策者摘要

1 引言

1.1 《报告》的意义、范围及与《气候变化国家评估报告》的联系

《气候变化国家评估报告》是我国应对气候变化行动的重要基础性工作,在国家层面为适应和减缓气候变化、开展气候变化国际合作活动,提供了重要的科技支撑。由于我国幅员辽阔、地形复杂、气候多样,对气候变化的区域响应差异较大,因此开展区域气候变化评估显得尤为重要。华南区域地处热带和亚热带,经济发达,深受气候变化影响,更迫切需要开展区域气候变化评估。

在科学研究基础上,《华南区域气候变化评估报告》(以下简称《报告》)通过全面综合、归纳国内外有关华南区域气候变化科学研究的成果,凝练出重要的区域气候变化科学结论,可为华南区域各级政府应对气候变化工作提供科技支撑。

《报告》所指的华南区域包括广东省、广西壮族自治区、海南省。《报告》共分两篇。第一篇分 7 章,主要描述华南区域气候变化的基本事实、主要特征、可能原因和未来趋势,并对气候变化的不确定性进行分析;第二篇分 5 章,从不同领域、不同省(区)进行气候变化影响评估(专栏 1)。

决策者摘要根据《执行摘要》的主要科学结论凝练而成,详细内容可参见《执行摘要》全文。

专栏 1:《华南区域气候变化评估报告》篇章结构

第一篇　科学基础

第 1 章　绪论

第 2 章　基本气候要素变化事实分析

第 3 章　极端天气气候事件和天气现象变化事实分析

第 4 章　珠江三角洲城市化对区域气候变化的影响

第 5 章　21 世纪气候变化趋势预估

第 6 章　21 世纪极端气候事件变化的分析

第 7 章　气候变化不确定性分析

第二篇　气候变化的影响与适应

第 8 章　海岸带

第 9 章　农业

第 10 章　水资源

第 11 章　能源

第 12 章　分省(区)重点领域

1.2　《报告》使用的资料和评估方法

　　《报告》主要采用专题研究与文献评估相结合的方法编制而成。其中第一篇主要根据最新资料对观测到的气候变化事实和未来变化趋势进行研究;第二篇主要采用文献评估与分析研究相结合的方法,对华南区域各领域和各省(区)气候变化影响进行评估。《报告》共引用文献 230 余篇。

　　(1)资料:①1961—2008 年华南区域 196 个气象站观测资料,选取通过均一性检验的110 个气象站作为代表性站点;②1908—2008 年广州气象站资料;③美国国家环境预报中心的再分析资料;④美国国家航空航天局和日本宇宙航空研究开发机构的热带降水测量卫星测雨雷达资料;⑤美国国家航空航天局的海洋科学卫星风场资料、陆地资源卫星遥感资料;⑥政府间气候变化专门委员会(IPCC)第四次评估报告的全球气候模式预估结果,以及英国、意大利区域气候模式输出结果。

　　(2)分析方法:①采用气候资料序列均一性检验方法,以消除站点迁移影响;②采用统计方法分析基本气候要素、极端气候事件随时间变化的趋势和程度;③采用城区和郊区同一时间的对比观测资料,分析城市化对气温、降水的影响;④根据近 20 个全球气候模式,采用加权平均方法对未来气候变化进行预估。

　　(3)评估方法:采用文献评估和模型预估相结合的方法,其中:①基于气候变化情景,利用水资源模型,评估水资源对气候变化的敏感性;②采用度日(采暖度日和制冷度日)指标评估气候变化对能源消费的影响;采用《全国风能资源评价技术规定》、《太阳能资源评估方法》中风功率密度、太阳总辐射计算方法,评估气候变化对风能、太阳能的影响;采用国家发展和改革委员会能源所"中国能源环境综合政策评价模型"评估气候变化对能源政策的影响;③其他领域采取文献评估,综合、归纳了 2010 年之前国内外有关华南区域气候变化科学研究的主要成果。

2　气候变化观测事实、影响与原因

2.1　观测到的气候变化

　　气温显著上升,以珠江三角洲和冬季最为明显。1961—2008 年,华南区域年平均气温升温速率约为 0.16℃/10 年(图 1),低于全国同期平均升温速率(0.22℃/10 年),但远高于全球近百年平均升温速率(0.07℃/10 年),也高于全球近 50 年升温速率(0.13℃/10 年)。20 世纪 70 年代、80 年代气温偏低,90 年代中期以后气温呈明显的上升趋势。从地域分布看,珠江三角洲地区和华南东部沿海是主要升温区域,升温速率在 0.3℃/10 年以上;海南为 0.27℃/10 年;而广西和广东北部地区升温速率较小,在 0.15℃/10 年以下(图 2)。从季节分布看,冬季平均气温的上升趋势最为明显,升温速率达 0.27℃/10 年,秋季次之,升温速率为 0.18℃/10 年,春、夏季最小,升温速率分别为 0.12℃/10 年和 0.10℃/10 年。(见《执行摘要》第一篇 2.1)

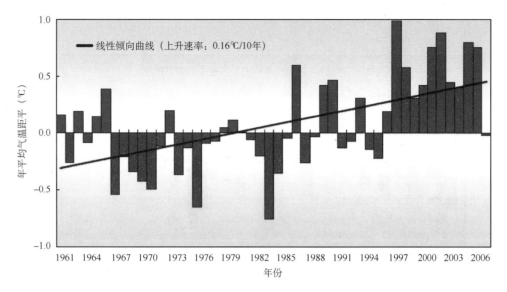

图 1　华南区域 1961—2008 年年平均气温距平变化(相对于 1971—2000 年平均气温——21.3℃)

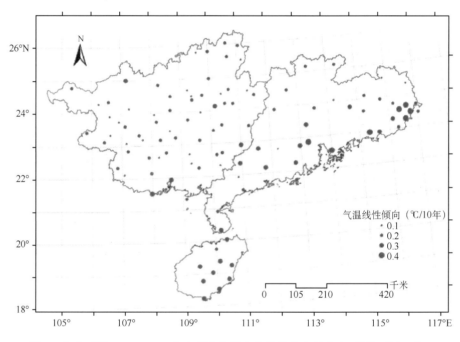

图 2　华南区域 1961—2008 年年平均气温变化趋势的空间分布(单位:℃/10 年)

降水量变化趋势不明显,但降水日数减少,降水强度增强。 1961—2008 年,华南区域年降水量呈现微弱增加趋势(0.65%/10 年),并有显著的年代际变化。20 世纪 60 年代、80 年代及 21 世纪初期降水偏少,20 世纪 70 年代、90 年代中期降水偏多(图 3)。从地域分布看,年降水在广东东部沿海、广西北部、海南南部呈增加趋势,华南中部、雷州半岛、海南中部呈减少趋势。从汛期降水分布看,后汛期(7—9 月)降水量上升速率大于前汛期(4—6 月)。华南区域降水日数呈减少趋势,但平均降水强度呈增加趋势,尤其是 20 世纪 90 年代以来降水强度上升趋势更加明显(图 4、图 5)。(见《执行摘要》第一篇 2.2)

日照、风速、云量和蒸发量均呈减少趋势。 1961—2008 年,华南区域日照时数以 40.86 小时/10 年的速率减少,20 世纪 90 年代以来减少尤为迅速,大部分地区均呈一致性减少。近地面平均风速、总云量、水面蒸发量均呈减少趋势,减少速率分别为 0.11(米/秒)/10 年、0.02 成/10 年和 65.90 毫米/10 年,这与全国的变化趋势是一致的。相对湿度总体上呈微弱降低趋势,降低速率为 0.45%/10 年,但 2002 年之后降低较为迅速。(见

《执行摘要》第一篇 2.3—2.7)

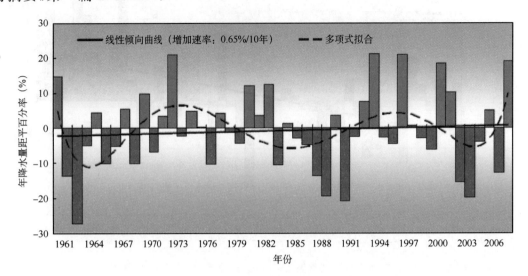

图 3　华南区域 1961—2008 年年降水量距平百分率变化趋势

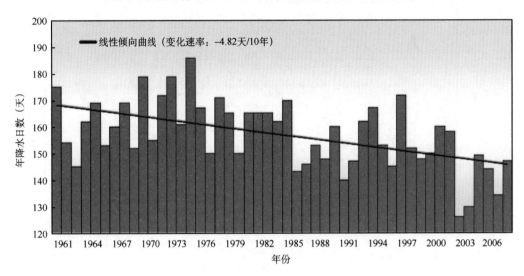

图 4　华南区域 1961—2008 年年降水日数变化趋势

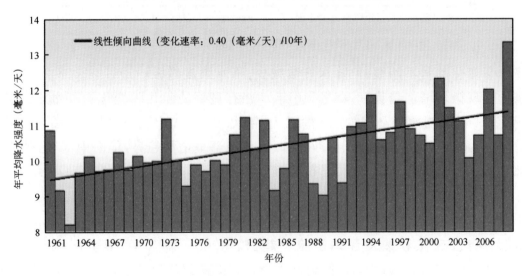

图 5　华南区域 1961—2008 年年降水强度变化趋势

高温日数显著增加,低温、雷暴日数明显减少,暴雨日数略有增加。1961—2008 年,华南区域日最高气温≥35℃的高温日数以 1.1 天/10 年的速率增加,尤其是珠江三角洲、广东西部、广东东部、海南北部增加更为明显；平均最高气温、极端最高气温均呈显著的上升趋势（0.15℃/10 年和 0.19℃/10 年），20 世纪 80 年代末期以来上升更加明显。日最低气温≤5℃的低温日数以 1.3 天/10 年的速率减少，越向北减少程度越大；平均最低气温、极端最低气温均呈一定的上升趋势（0.21℃/10 年和 0.48℃/10 年）。但是，在气候变暖背景下，冬季气温变化不稳定性增加，低温灾害加重。20 世纪 50 年代以来，华南共发生 8 次严重冬季低温灾害，其中 5 次出现在 20 世纪 90 年代以后。2008 年的低温雨雪冰冻灾害，其持续时间之长、平均气温之低、影响范围之广均为历史所罕见。雷暴日数以 5.5 天/10 年的速率显著减少，其中海南北部地区减少尤为明显（图 6）。日降水量≥50 毫米的暴雨日数和暴雨降水量均呈增加趋势，暴雨日数上升速率为 0.18 天/10 年，暴雨降水量上升速率为 16.57 毫米/10 年，其中以广西西部最为明显。（见《执行摘要》第一篇 3.1～3.3，3.5）

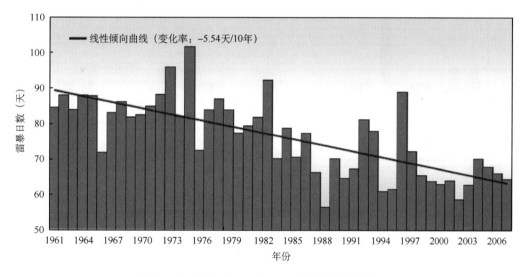

图 6 华南区域 1961—2008 年雷暴日数变化趋势

雾日明显减少，灰霾天气显著增加。1961—2008 年间，华南区域雾日数总体呈减少趋势，减少速率为 0.7 天/10 年，20 世纪 80 年代以来减少尤为显著。灰霾日以 6.3 天/10 年的速率显著上升，20 世纪 80 年代以来灰霾日数上升迅速（图 7），其中珠江三角洲地区上升尤为显著。（见《执行摘要》第一篇 3.4）

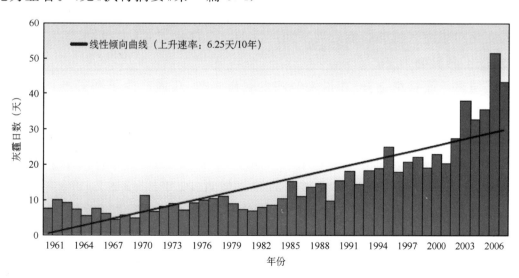

图 7 华南区域 1961—2008 年灰霾日数变化趋势

登陆热带气旋个数减少,初次登陆日期推迟,最后登陆日期提前。1961—2008 年,登陆华南区域的热带气旋个数和台风以上强度的个数均以 0.6 个/10 年的速率呈弱的下降趋势(图 8)。热带气旋平均中心气压没有明显的变化趋势,而极端最低气压有弱的上升趋势。登陆华南的热带气旋生成源地位置向北纬 10°~19°汇聚,登陆位置有北移倾向。热带气旋初次登陆日期以 1.8 天/10 年趋势推迟,最后登陆日期以 3.6 天/10 年趋势提前,最后登陆与初次登陆日期的差值以 5.4 天/10 年的趋势减少,尤其在 20 世纪 90 年代中期以后表现更为明显。(见《执行摘要》第一篇 3.6)

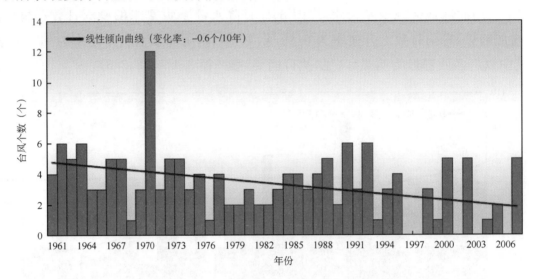

图 8 1961—2008 年登陆华南区域的台风个数变化趋势

南海夏季风的爆发和强度对中国雨季甚至北半球的天气都有重要影响。1958—2008 年,南海夏季风爆发日期略有提前,强度略有减弱,其强度周期变化明显,在 20 世纪 50 年代至 60 年代前期、70 年代至 80 年代具有 9 年左右的变化周期,90 年代以后具有 2~3 年左右的变化周期。(见《执行摘要》第一篇 3.7)

2.2 观测到的气候变化影响

气候变化对华南区域的影响是现实而广泛的。总体上说,既有有利的方面,也有不利的影响,但以不利影响为主。

华南区域海平面持续上升,对沿海经济发展和生态、环境产生不利影响。近 30 年来,南海海域和广东、广西、海南三省(区)沿海海平面上升速率分别为 2.7 毫米/年、1.8 毫米/年、2.7 毫米/年、2.7 毫米/年,与全国海平面平均上升速率(2.6 毫米/年)相当。海平面持续上升已对沿海地区经济发展和生态环境产生不利影响。一是风暴潮灾害程度和发生概率增大,广东沿海遭受强风暴潮影响的频率最近 10 年比 1949—1995 年增加了 1.5 倍。二是沿海城市内涝频发,河流入海口日益淤积,河床抬高,严重影响航道、港口正常运行。三是海岸侵蚀加剧,广东省湛江市麻斜铜鼓岭海岸 40 年来蚀退 25 米,速率达 0.6 米/年。四是红树林和珊瑚礁生态系统退化。20 世纪 50 年代至 90 年代,气候变化特别是长期的人为破坏,华南三省(区)红树林面积减少 65% 以上。大部分红树林为次生林,高大的原始林很少。有些红树林,如海南海桑、红榄李、银叶树等已处于濒危状态。由于气候变化,尤其是人类活动的影响,珊瑚礁受到了严重破坏。20世纪50年代以来,海南岛沿岸珊瑚礁破坏率达80%,而且华南三省(区)海域均发现了不同程度的珊瑚白化和死亡现象。五是广东沿海工程设计的最高潮位都已经被实测的最高潮位所超越,广州市排水口的高程标准不断提高。(见《执行摘要》第二篇8.2)

农业生产条件改变,部分果树气候适宜度降低,病虫害加重。农业对气候变化的敏感性和脆弱性最大,气候变化已经对华南区域的农业造成了一定影响,主要表现为:一是作物生长期间的气候资源和气象灾害发生了变化。1961—2008年,华南区域≥10℃积温以71度日/10年的速率显著上升;广东省早稻生长季的降水量增加,日照时数减少;影响水稻生产的低温灾害有所减轻,但是,20世纪90年代的4次低温和2008年的低温雨雪冰冻灾害造成果树和鱼类大量死亡,农业损失巨大。二是主要植物、动物的春季物候期提前,秋季物候期推迟,气候带有加速北移趋向;1998年以后,广东省北热带面积有所增加,中亚热带面积有所减少。三是华南区域龙眼、柑橘气候适宜度下降,水稻生育期缩短,产量波动增大;日平均气温每升高1℃,水稻生育期平均缩短3~6天。气候因素对广西粮食单产波动的影响占57%~67%。四是复种指数增加,病虫害影响加重。从20世纪80年代初至90年代末的20年间,华南区域复种指数增加了5.6%,但进入21世纪后增速放缓,广东省甚至呈明显下降。从1981年至2007年,广东稻飞虱危害面积不断增大,海南省病虫害发生面积以平均每年3.16万公顷的速率上升,广西南宁市蔬菜主要病虫害种类增加了近1倍。(见《执行摘要》第二篇9.2)

珠江流域径流量增加,但旱涝频发,咸潮加剧。气候变化对华南区域的水资源产生了可以辨识的影响。1980年以来,珠江流域年降水没有明显增加或减少的趋势,水面蒸发和潜在蒸散均显著变小,珠江流域径流总量呈增加态势。受气候变暖、降水不均、流域干旱等因素的影响,广东特别是珠江三角洲地区咸潮呈加剧之势,咸潮活动越来越频繁,持续时间增加,上溯范围越来越大,强度趋于严重,影响越来越广。1989年以来,珠江三角洲地区有9个冬季出现咸潮,咸潮上溯比常年增加10~15千米,咸潮出现时间较常年提早15~20天。近20年来珠江三角洲地区曾发生过5次严重咸潮,其中3次发生在2003年、2004年和2005年。2003年秋季咸潮期间,广州市东涌水厂的氯化物含量曾出现突破12000毫克/升的"历史纪录"(饮用水上限为250毫克/升);2005—2006年,澳门、珠海供水系统淡水来源的广昌泵站连续38天氯化物含量全天超标,平均每日超标历时近20小时。咸潮的影响已经从农业扩大到工业、城市生活、生态环境等,成为威胁珠江三角洲地区用水安全的"心腹大患"。1951年以来,珠江流域气象干旱面积没有明显的变化,最长的干旱事件大多发生在1980年以后,1979—2006年的干旱发生日数比1951—1978年明显增多。"9406"、"9407"、"9806"、"0506"等流域性大洪水影响巨大。(见《执行摘要》第二篇10.2,10.3)

气候变化对能源生产、供应、消费均有影响。一是气候变暖导致制冷需求增大、采暖需求减少。1961—2008年,华南区域制冷度日以11.74度日/10年的速率显著上升,夏季制冷耗能的增加大于冬季采暖耗能的减少,导致全年总耗能量增加。1986—2008年华南区域平均总耗能量较1961—1985年增加2.6%,海南、广东沿海增加尤为明显。二是极端气候事件频繁发生,对华南区域电力负荷、电力供应和水力发电等造成了较大影响。2002—2004年华南发生罕见的连年干旱,水库蓄水严重不足,对水力发电造成很大影响。

三是气候变暖增加了城市电力消费。因气候变暖，制冷耗能期延长，过去 50 年间广州市城市居民夏季生活用电量增加约 1.5％。（见《执行摘要》第二篇 11.3）

人居环境改变，影响人体健康。气候变化使城市中心区热岛效应、高温热浪、灰霾等现象加剧。近年来，与周边地区相比，珠江三角洲城市年平均气温高出 0.6～0.7℃，每年超过 35℃的高温日数均在 30 天以上。当日平均气温高于 19.7℃时，平均气温每升高 1.0℃，广州市每日人口总死亡的风险增加 3.0％。2004 年 6 月底至 7 月初的高温热浪，导致广州市 39 人因高温中暑死亡。近 50 年来，广州市年灰霾日数以每 10 年 16.4 天的速率增加，每逢灰霾天气，呼吸道疾病发病率比平时增加 15％左右。气候变暖已使海南省三亚市完全具备了登革热终年流行的温度条件。（见《执行摘要》第二篇 12.1，12.3）

极端天气气候事件影响旅游客流量。高温热浪、寒冷天气、干旱主要通过降低气候舒适度，导致人们不愿去旅游；浓雾、雪灾主要通过阻断交通，导致人们不能去旅游；暴雨洪水、热带气旋、局地强对流天气（冰雹、龙卷风、雷电）常常危及人们的生命安全，使得人们不敢去旅游。2008 年 1 月的低温雨雪冰冻灾害导致广东、广西部分景区、旅游公共服务设施、旅游道路不同程度损坏；大量绿化植被和古树冻死冻坏；游船游艇等游乐设施设备不能正常运转，停车场、游步道和旅游标识标牌大量损坏，因灾客流损失量和损失率，广东分别为 11.7 万人和 0.41％，广西分别为 3.4 万人和 3.4％。（见《执行摘要》第二篇 12.3）

2.3　区域气候变化的原因

引起气候变化的驱动因子包括自然和人为两个方面。自然因子主要包括火山爆发、太阳活动以及气候系统内部的变化（如厄尔尼诺、温盐环流等）等。人为因子主要包括人类燃烧化石燃料导致的温室气体排放、土地利用改变和人为气溶胶的排放等。

华南区域气候变化除了对全球气候变化的响应外，区域内土地利用状况改变（包括城市化）、气溶胶的排放等人类活动的影响也十分明显。华南区域气温的上升主要是对全球气候变化的响应；日照时数减少、水面蒸发减少和灰霾日数增加，主要归因于人为气溶胶排放。研究表明，20 世纪 90 年代以来快速的城市化对华南区域局地气候的影响十分显著。就气温而言，在珠江三角洲城市群以及其他大中型城市，土地利用改变导致的局地气温增加与全球变暖的作用相当。就降水而言，珠江三角洲城市群所处的区域降水时次减少，降水强度增强，降水量明显多于其周边地区。（见《执行摘要》第一篇 4.1，4.2）

3　未来气候变化趋势与可能影响

3.1　未来气候变化趋势

《报告》利用全球模式和区域气候模式（专栏 2），预估了中等排放情景下华南区域的气候变化趋势。和全球、全国一样，21 世纪华南区域地表气温将继续上升。与 1971—2000 年的 30 年平均值相比，2031—2040 年华南区域年平均气温可能增暖 0.8～1.1℃，

2051—2060 年可能增暖 1.3～1.8℃，2091—2100 年可能增暖 1.9～3.4℃；区域年降水量也呈增加趋势，2031—2040 年、2051—2060 年、2091—2100 年全区域年平均降水量可能分别增加 0%～1.0%、1.0%～6.0% 和 6.0%～7.0%。(见《执行摘要》第一篇 5.3、5.4)

未来极端温度和降水事件将会更多地影响华南区域。暖日、暖夜增加，冷日和冷夜减少。极端降水频次和极端降水量有所增加，以春季和夏季最为明显。未来小雨降水将会减少，而大雨、暴雨和大暴雨降水将会增加。(见《执行摘要》第一篇 6.3)

专栏 2：排放情景和气候模式说明

1. 排放情景

为了预估未来全球和区域气候变化，必须事先提供未来温室气体和硫酸盐气溶胶排放的情况，即所谓的排放情景。排放情景通常是根据一系列因子(包括人口增长、经济发展、技术进步、环境变化、全球化、公平原则等)假设得到的。对应于未来可能出现的不同社会经济发展状况，通常要制作不同的排放情景，其中 A1B 代表中等排放情景。

2. 气候模式

气候模式是根据基本的物理定律，来确定气候系统中各个分量的演变特征的数学方程组，并将上述方程组在计算机上实现程序化后，就构成了气候模式。气候模式可以用来描述气候系统、系统内部各个组成部分及各个部分之间、各个部分内部子系统间复杂的相互作用，已经成为认识气候系统行为和预估未来气候变化的定量化研究工具。

3.2 未来可能的影响

海平面继续上升，将进一步加剧对沿海地区经济发展和生态环境的影响。预计未来 30 年华南沿海海平面较 2009 年将上升 73～127 毫米，气候变化和海平面上升将增加强风暴潮的影响频率，加大沿海低地、岛屿和滩涂淹没的面积，延伸海水入侵的距离，增加海岸侵蚀的强度和范围，加剧红树林和珊瑚礁的退化。研究表明，如果海平面上升 100 毫米以上，在河流枯水年甚至平水年，广州市、中山市、珠海市、香港、澳门等地区枯季都会受到咸潮上溯的影响。如果海平面上升 300 毫米，广东沿海严重潮灾的重现期将普遍缩短 50%～60%；在无防潮设施情况下，按照平均大潮高潮位，珠江三角洲近海将有 48 个岛屿被淹没；广东省沿海滩涂面积增长量将减少 23.3%。海平面上升将对华南区域规划和产业布局、沿海防台与防潮、城市防洪与排涝、用水安全、国土和海域安全、滨海旅游资源、海岸防护工程、重要基础设施、土地资源开发利用、生态与环境建设等造成不利的影响。(见《执行摘要》第二篇 8.3)

农业气象灾害频发，气候带加速北移，产量不稳定性增大。二氧化碳浓度倍增情况下，华南≥10℃的持续日数将增加 1～61 天，≥10℃积温将增加 901～1374 度日。高温、洪涝、干旱等农业气象灾害发生的频率和强度可能增加。柑橘气候适宜度将进一步下降，早稻温度适宜度总体呈上升趋势。未来气候变暖尤其是冬季温度的升高,将不利于荔枝、龙眼的花芽分化。温度升高,加快了水稻的生育速度,生育期缩短。模式预估表明,在高排放情景下,如果不采用新的改良品种的话,2050年左右华南区域的水稻产量可下降7.1%,而且产量会趋于两极化,高产年和低产年的概率会明显增加。气候变暖将使华南黏虫、稻飞虱的繁殖增加1~2代,增大虫源和病源,一些目前局限在热带的病原和寄生组织可能会蔓延到亚热带地区。未来气候变暖将加速气候带的北移,可能使双季稻和水稻迟熟品种的可种植面积增加。荔枝、龙眼、香蕉、芒果等水果的种植北界向北移动、种植高度普遍提高。(见《执行摘要》第二篇9.3)

地表水资源量呈增加态势,但极端水文事件增多,季节性缺水频率增加。预估表明,华南区域地表水资源量将呈增加趋势,与1961—1990年平均值相比,2011—2040年将增加5.7%,2041—2070年将增加5.0%~7.0%,2071—2100年将增加7.0%~9.0%。洪峰流量增大,出现时间提前,重现期缩短;枯水期延长。但是,海南省未来不同时段的地表水资源量均表现为减少趋势。综合考虑水资源变化、人口和社会经济发展等因素,未来华南区域季节性缺水频率增加,对水资源配置和管理提出了新的挑战。(见《执行摘要》第二篇10.4)

气候不稳定性增强,加剧能源供需矛盾。未来气候变暖将可能使华南区域的采暖耗能进一步减少,而制冷耗能将继续增大,2020年、2050年、2070年、2100年,广州市居民生活用电的增加量将分别达1.0%、1.9%、2.6%、3.2%。气候变暖导致的高温日数增多、高温热浪频率和强度增大,将进一步加剧夏季大、中城市空调制冷电力消费的增长趋势。气候变化导致的降水变化可能对水力发电产生一定的影响,未来50年华南区域降水量虽然总体呈微弱增加趋势,但是2031—2040年,华南区域的大部分水库上游流域降水量可能出现明显的减少趋势,水力发电将会受到影响。在不限制二氧化碳排放、低碳、强化低碳三种情景下,2020年广东省供电能源消费总量分别为15497.3万吨、14761.0万吨、14192.9万吨标准煤,气候变化对能源政策将产生较大的影响。(见《执行摘要》第二篇11.4)

气候变化对人体健康的潜在不利影响增加。气候变化对人体健康可以产生多种影响,直接影响包括温度升高、热浪、洪水等对人体健康带来的影响;间接影响的潜在危害更大,如对饮水供应、卫生设施、农业生产、食品安全以及媒介传播疾病和介水传播疾病的影响等。随着气候变暖,热浪发生频繁、强度增大,炎热的天气将使中暑发生率、居民死亡风险加大。此外,还会增加呼吸系统、消化系统及心血管等疾病的发病率。气候变暖可能导致某些传染性疾病的传播和复苏,尤其是虫媒传播疾病。研究表明,到2050年时,海南省大部分地区登革热由非地方性流行区转变为地方性流行区的可能性增大。未来华南区域疟疾流行的危险性可能上升。(见《执行摘要》第二篇12.3)

气候变化对区域旅游的潜在影响加大。海平面上升将淹没和侵蚀海滨沙滩,危及红树林和珊瑚礁的生存,加剧对遗址、遗迹类文化遗产的破坏,从而影响旅游资源的数量和质量;气候变化对能源政策的影响,将增加出境旅游成本,旅游客流可能转向国内客流为主;气候变化导致的极端天气事件频发和传染性疾病的传播将使人们对外出旅游产生恐惧心理,从而影响旅游市场格局;海平面上升和风暴潮的增多,将提高海滨度假和滨海旅游产品开发要求;气候变化将直接导致旅游保险成本变大,加重游客花费,对出游率造成

一定负面影响。(见《执行摘要》第二篇 8.3,11.4,12.3)

4　不确定性分析

气候变化研究结果的不确定性主要来自三个方面:(1)观测资料的不完善与误差,如观测的随机误差和系统误差,以及资料的不均一性等;(2)"模型不确定性",其主要是由于对气候系统中的物理、化学、生物过程的不完全了解,如气候模式的不确定、温室气体排放情景的不确定、评估模型的不确定等;(3)"认知"因素,限于目前认知水平,对气候系统或气候影响的某些方面无法知道。在定性描述气候变化某个结论的不确定性时,IPCC 评估报告一般使用"证据数量的一致性"、"科学界对结论的一致性程度"两个指标,通过分析结论在图 9 中的位置来判断其不确定性特征。在图 9 中,左下位置 A 的不确定性最大,右上位置 I 的不确定性最小。(见《执行摘要》第一篇 7.1,7.2)

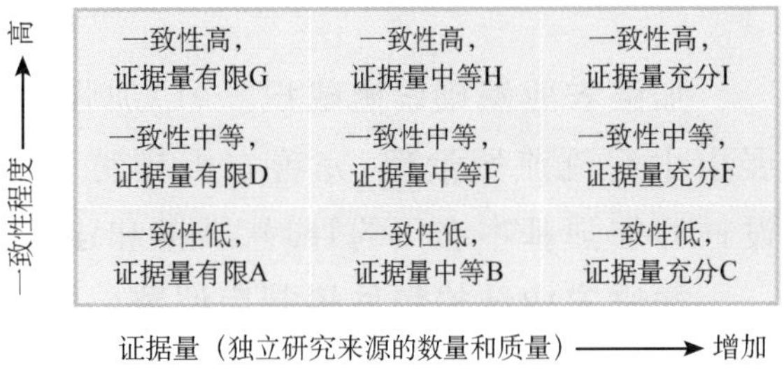

一致性高, 证据量有限G	一致性高, 证据量中等H	一致性高, 证据量充分I
一致性中等, 证据量有限D	一致性中等, 证据量中等E	一致性中等, 证据量充分F
一致性低, 证据量有限A	一致性低, 证据量中等B	一致性低, 证据量充分C

证据量(独立研究来源的数量和质量)———➤ 增加

图 9　不确定性的定性定义示意图

对于《报告》中有关观测到的趋势,虽然通过资料质量控制、均一化检验、选取代表性站点等已将资料误差尽可能降到了最低,但资料序列长短仍对结论有影响,因此,其结论应处于图 9 中 E 的位置,即一致性中等,证据量中等。(见《执行摘要》第一篇 7.2)

全球气候模式集合平均的、区域气候模式模拟的年平均气温和年平均降水,与观测实况均有较大的误差,仅能模拟出大致的空间分布特征,因此,气温和降水的预估结论应处于图 9 中 D 的位置,即一致性中等,证据量有限。(见《执行摘要》第一篇 7.2)

《报告》对不同领域的影响评估,主要基于已出版的文献。由于各个文献中评估方法、资料和年代的不同,结果也有所差别,《报告》采取了大部分文献结论基本一致的结果。对此部分的评估结论,应处于图 9 中 D 的位置,即一致性中等,证据量有限;或 E 的位置,即一致性高,证据量有限。(见《执行摘要》第一篇 7.2)

5　适应气候变化的政策和措施

减缓和适应是应对气候变化的两个重要方面。减缓是一项相对长期、艰巨的任务,而适应则更为现实、紧迫。华南区域在继续加快转型升级,推进低碳发展、实施植树造林的同时,应高度关注适应气候变化工作。

《报告》提出的重点领域、行业的政策措施建议如下。

5.1　海岸带

加强海岸带气候变化影响的监测预警和风险评估。(1)建立海平面变化监测和海洋灾害预报预警体系;(2)开展沿海重点经济区海平面上升影响评价。

提高防范标准,强化海岸防护设施建设。(1)提高海堤设计标准,尤其是三角洲等防护能力较弱的地区;(2)建设近岸水下挡水坝、防冲丁坝、潜坝等工程,固滩保堤,防止海潮冲蚀海岸;(3)在沿海城市地面沉降地区建立高标准防洪、防潮墙和堤岸,完善城市排污系统,提高排水口高程。

推进海洋自然保护区建设和海洋生态系统恢复工程。(1)加强对红树林、珊瑚礁、海草等重点海洋生态系统的保护,新建或升级一批海洋自然保护区;(2)建设人工鱼礁、合理种植红树林和沿海防护林等,构筑近岸生态屏障。

5.2 农业

加强农业基础设施建设。(1)加强防汛、防旱、防风和现代农业基础设施建设;(2)开展中小河流流域治理,完善农田排涝工程体系;(3)继续推进造林绿化,加强农业生态建设;(3)加强基本农田的管理、维护和建设;(4)大力改造中低产田。

推进农业结构和种植制度调整。(1)加强自然灾害风险管理,科学规划不同地区的农业布局,形成区域间结构合理、特色鲜明、互联互补、协调发展的现代农业发展新格局;(2)在稳定粮食生产的同时,扩大蔬菜、水果种植面积;(3)充分利用冬季变暖显著的气候资源,大力发展冬季农业;(4)科学调整水稻种植制度,提高水稻产量的稳定性。

选育抗逆性品种,改进耕作方式。(1)培育产量潜力高、品质优良、综合抗性突出和适应性广的优良动物、植物新品种;(2)加快完善抗逆性品种创新和推广体系;(3)完善有害生物防治方法;(4)采用免耕、秸秆覆盖、薄膜覆盖等耕作技术。

5.3 水资源

加强水利基础设施重点工程建设。(1)加快"千里海堤加固达标工程"、"千宗治洪治涝保安工程"建设;(2)加强"小山塘、小灌区、小水陂、小泵站、小堤防"等小型水利设施建设;(3)加快推进珠江三角洲调水引水骨干工程建设;(4)实施小流域综合治理,加大崩岗侵蚀治理和库区水源区水土流失整治及生态修复力度。

强化水资源管理。(1)加强暴雨洪水预测、预报和预警体系建设;(2)实行取用水总量控制管理,制定主要江河流域水资源分配方案,实行流域水资源统一调度;(3)确立用水效率控制红线,全面推进节水型社会建设;(4)加强水功能区限制纳污管理,从严核定水域纳污容量;(5)严格实施水资源管理考核制度。

加强开源节流技术的研发和应用。(1)重点研究海水淡化、微咸水和淡水混合利用、工业用水循环利用、雨洪资源化和人工增雨技术;(2)开发灌溉节水、旱作节水与生物节水综合配套技术,重点突破精量灌溉技术、智能化农业用水管理技术及设备,加强生活节水技术及器具开发。

5.4　能源

评估气候变化对耗能的影响,开展电力需求气象预测。(1)评估气候变化对制冷、采暖耗能的影响,确定制冷、采暖的时段和气候分区;(2)开展气候变化对电力需求的中长期预测,科学地指导电力部门调配电力资源。

强化极端气候条件下的能源安全气象保障。(1)在重要输变电线沿线、石油和天然气勘探区、大型水电和核电站等,建立能源专项气象灾害监测预警服务平台;(2)制定能源预测预警气象服务应急预案。

加强风能、太阳能开发利用。(1)完成第四次风能资源详查和评价;(2)建设风能预报系统,开展风电场实时预报服务;(3)启动太阳能资源详查,推进太阳能光伏预报系统建设。

5.5　人体健康

完善气候变化对人体健康影响的监测预警系统。(1)加强高温、低温、灰霾和酸雨等与人体健康相关的天气和极端气候事件的监测、预警;(2)加强对气候变化引起的呼吸道系统等疾病的监测。

完善气候变化导致的突发卫生事件的应急处置。(1)开展气候变化对人体健康的风险评估;(2)建立健全气候变化对人体健康危害的应急预案。

强化卫生部门和气象部门的协调机制。(1)联合编写与发布气候变化对人体健康影响的信息通报;(2)联合开展气候变化对人体健康影响的科研攻关。

5.6　旅游

充分认识气候变化对旅游业发展的影响。(1)将气候变化的因素纳入各级旅游发展规划中;(2)制定、修改相关标准及条款,鼓励游客出行时选择环境友好型交通工具,提高旅游业应对气候变化的意识和能力。

积极把握气候变化的有利因素。(1)积极开发利用因气候变化衍生的新型旅游资源;(2)重视开发与气候因素密切相关的旅游产品。

主动防御灾害性气候事件。(1)加强海滨、山岳旅游开发的气候可行性论证;(2)加强沿海堤坝、游山步道和护栏等旅游安全设施建设;(3)严防灾害性气候事件对旅游设施的破坏和不利影响。

5.7　气象防灾减灾

提高气象灾害监测预警发布能力。(1)加快推进气象卫星、新一代天气雷达、高性能计算机系统等工程建设,建成气象灾害立体观测网,实现对重点区域气象灾害的全天候、高时空分辨率、高精度连续监测;(2)进一步加强城市、乡村、江河流域、水库库区等重点区域气象灾害监测预报,着力提高对中小尺度灾害性天气的预报精度;(3)进一步增强极端气候事件的预测水平,强化早期预警系统建设;(4)加快推进预警信息发布系统建设,积极拓宽预警信息传播渠道,提高预警信息发布时效性和覆盖面。

加强气象灾害风险评估和气候可行性论证。(1)开展气象灾害风险评估,编制分灾种气象灾害风险区划,完善气象灾害风险管理体系建设;(2)开展气候变化对不同领域、不同行业的影响评估和脆弱性分析;(3)加强城乡规划、重大工程项目、区域性经济开发项目和农业结构调整等气候可行性论证。

提高气象灾害综合防范和应急处置能力。(1)完善政府主导、部门联动、社会参与的防灾减灾机制;(2)完善气象灾害应急预案;(3)加强气象防灾减灾基础设施建设。

华南区域
气候变化评估报告
执行摘要

第一篇　科学基础

第1章　绪　论

1.1　华南区域自然、经济和社会概况

　　本报告所指的华南区域包括广东省、广西壮族自治区、海南省。华南区域位于欧亚大陆南端,北倚南岭,南濒南海,属热带亚热带季风气候。境内山峦起伏,河流众多,素有"七山一水二分田"之称。区域土地总面积45.3万km²,约占中国土地总面积的4.7%。中国第三大河流珠江贯穿云南、贵州、广西、广东、湖南、江西等6省区,流域总面积79.63万km²。中国第一大外海——南海,总面积350万km²以上,相当于渤海、黄海、东海总面积的3倍多。南海季风称著于全国,又对气候变化极为敏感,对中国甚至北半球的天气气候都有重要影响。区域海岸线长达8800km以上,石油、天然气、鱼类、旅游等资源丰富。中国三大东西走向山脉之一的南岭,是中国南亚热带与中亚热带的气候分界线(曾昭璇和黄伟峰,2001;鹿世瑾,1990)。华南也是我国热带亚热带作物、林果、花卉、冬菜北运和暖水性鱼类的主要生产基地。

　　华南区域改革开放早,人口集中,经济发展迅速。2008年区域总人口1.54亿人,占全国总人口的11.6%,人口密度约为全国平均值的2.5倍。华南区域在我国整个国民经济发展中具有举足轻重的地位。特别是改革开放30年来,凭借沿海、沿江的有利地理位置,国内外快速的信息传播、较好的经济基础、众多的科技人才、较高的教育水平等优势,区域经济得到了稳定和快速的发展。2008年,区域国内生产总值44326亿元,占同期全国国内生产总值的14.1%。但是,华南区域各省经济发展极不平衡,消除区域贫困、改善民生和发展经济的任务依然繁重。2008年,占区域土地面积39.3%的广东省GDP占区域比重达80.5%,连续20年居全国首位,而占区域土地面积60.7%的广西、海南,GDP占区域比重仅为19.5%,广东省的人均GDP约为广西、海南的2.5~2.8倍。在广东省尤其是珠江三角洲地区,由于资产高度集中,气候变化导致的自然灾害所带来的经济损失更大,而经济不发达的广西、海南,抗御极端气候灾害、适应气候变化的能力更弱。"十二五"期间,华南区域将面临着珠江三角洲区域经济一体化、广东加快转变发展方式、广西北部湾经济区发展、海南国际旅游岛建设等重要战略机遇。同时,气候变化和城市化也将使华南区域面临着更高的极端灾害风险和更脆弱的气候变化影响,特别是沿海地区将更易受到热带气旋、强降水、洪涝灾害、高温热浪、灰霾、雷电和海平面上升的直接威胁,城市化进程中的城市发展与节能减排、低碳发展与适应气候变化等挑战将更大。

1.2　本报告编制的目的

　　(1)总结华南区域气候变化科学研究成果

　　全球气候变化的区域响应不同。近30多年来,许多学者从不同角度对华南区域气候变化及其影响进行了研究,取得了大批成果。通过编制本报告,将对华南区域气候变化事实及其影响的研究成果进行一次综合和全面的总结,从中提炼出重要的区域气候变化科学结论,提高对气候变化的科学认识和判断能力。

(2)为华南区域防灾减灾提供决策依据

在全球气候变暖背景下,极端天气气候事件趋多趋强,危害加剧,华南区域众多的人口和迅速增长的社会财富越来越多地暴露在气候变化的影响之下,而灾害风险防御体系的不完备与区域经济发展的不平衡,增大了经济社会系统的脆弱性,华南区域防灾减灾面临的形势非常严峻。本报告将为各级政府提高极端天气气候事件的综合应对能力,有效制定防灾减灾措施提供决策依据。

(3)为华南区域应对气候变化提供科学支撑

华南区域正处于经济社会发展的关键阶段,面临着经济社会发展与资源短缺、区域环境恶化的突出矛盾。气候变化对经济、社会的负面影响,使华南区域经济和社会发展面临更加错综复杂的局面。《中华人民共和国国民经济和社会发展第十二个五年规划纲要》中强调要积极应对全球气候变化,中国政府明确提出了 2020 年单位 GDP 二氧化碳排放较 2005 年下降 40％～45％的目标,2015 年较 2010 年下降 17％,其中,广东、广西、海南 2015 年单位 GDP 二氧化碳排放较 2010 年下降 19.5％、16％和11％。国务院决定把控制温室气体排放和适应气候变化目标作为各级政府制订中长期发展战略和规划的重要依据。华南区域各级政府部门和社会公众急需了解气候变化的基本事实,及其对区域经济社会、生态环境、人体健康、旅游等方面的影响,需要研究、选择和确定正确的适应和减缓战略,并将其纳入地方的中长期发展战略中。

1.3　本报告使用的资料和评估方法

本报告主要采用专题研究与文献评估相结合的方法编制而成。其中第一篇主要根据最新资料对观测到的气候变化事实和未来变化趋势进行研究;第二篇主要采用文献评估与分析研究相结合的方法,对华南区域各领域和各省(区)气候变化影响进行评估。

(1)资料

①1961—2008 年华南区域 196 个气象站观测资料,选取通过均一性检验的 110 个气象站作为代表性站点;

②1908—2008 年广州气象观测站资料;

③美国国家环境预报中心的再分析资料;

④美国国家航空航天局和日本宇宙航空研究开发机构的热带降水测量卫星测雨雷达资料;

⑤美国国家航空航天局的海洋科学卫星风场资料、陆地资源卫星遥感资料;

⑥政府间气候变化专门委员会(IPCC)第四次评估报告的全球气候模式预估结果,以及英国、意大利区域气候模式输出结果。

(2)分析方法

①采用气候资料序列均一性检验方法,以消除站点迁移影响;

②采用统计方法分析基本气候要素、极端气候事件随时间变化的趋势和程度;

③采用城区和郊区同时间的对比观测资料,分析城市化对气温、降水的影响;

④根据近 20 个全球气候模式,采用加权平均方法对未来气候变化进行预估。

(3)评估方法

采用文献评估和模型预估相结合的方法,其中:

①基于气候变化情景,利用水资源模型,评估水资源对气候变化的敏感性;

②采用度日(采暖度日和制冷度日)指标评估气候变化对能源消费的影响;采用国家发展和改革委员会能源所的中国能源环境综合政策评价模型评估气候变化对能源政策的影响;

③其他领域采取文献评估,综合、归纳了 2009 年之前国内外有关华南区域气候变化科学研究的主要成果。

第 2 章　基本气候要素变化事实分析

2.1　气温

2.1.1　近 100 年气温

　　广州气象观测站建于 1908 年,是我国有较长连续观测资料的气象站之一。以广州气象观测站的资料分析华南区域近 100 年的气温变化,结果表明:(1)1908—2008 年华南区域年平均气温的上升速率只有 0.03℃/10 a,趋势不明显。(2)1908—2008 年平均气温为 22.1℃,经历了明显的冷暖阶段性变化,1908—1915 年为偏暖阶段,气温多在平均值以上;1916 年进入偏冷阶段,气温多在平均值以下,持续到 20 世纪 30 年代末期;从 30 年代末期至 50 年代初期,气温多在平均值以上,而后至 80 年代中期气温以低于平均值为主,尤以 70 年代偏低最为显著,低于平均值 0.4℃;1986 年年平均气温变化又一次出现转折,气温以高于平均值为主,1986—2008 年气温上升速率达 0.35℃/10 a,年气温平均值达 22.5℃,超出百年平均值 0.4℃。(3)异常偏暖的年份出现在 20 世纪 10 年代前期、40 年代和 21 世纪初期,2006 年、2007 年年平均气温均为 23.2℃,为历年最暖年。异常偏冷年份出现在 20 世纪 10 年代中后期至 30 年代中期以及 50 年代初至 80 年代中期,其中 1969 年年平均气温 21.2℃,为历年最冷年(图 2.1)。逐年代变化来看,20 世纪 30、50、60、70、80 年代气温偏低,尤其是 70 年代,平均气温偏低 0.4℃,90 年代、21 世纪初气温分别偏高为 0.3℃和 0.7℃(图 2.2)。

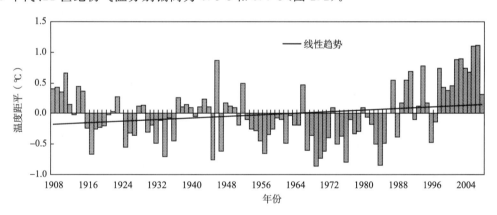

图 2.1　1908—2008 年广州气象观测站年平均气温距平变化

（相对于 1908—2008 年平均气温 22.1℃）

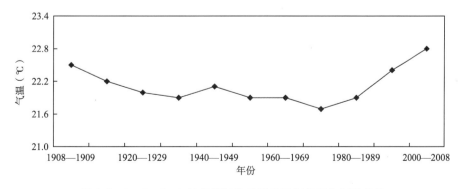

图 2.2　1908—2008 年广州气象观测站逐年代平均气温变化

2.1.2　近 48 年气温

1961—2008 年,华南区域年平均气温升温速率约为 0.16℃/10 a(图 2.3),低于全国同期平均升温速率(0.22℃/10 a),高于全球近 50 年升温速率(0.13℃/10 a)。20 世纪 70 年代、80 年代气温偏低,20 世纪 90 年代中期以后气温呈明显的上升趋势。

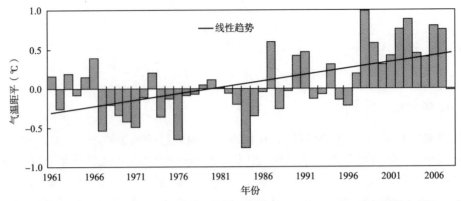

图 2.3　华南区域 1961—2008 年年平均气温距平变化(相对于 1971—2000 年平均气温 21.3℃)

从地域分布看,珠江三角洲地区和华南东部沿海是主要升温区域,升温速率在 0.3℃/10 a 以上,海南 0.27℃/10 a,而广西和广东北部地区增温速率较小,在 0.15℃/10 a 以下(图 2.4)。

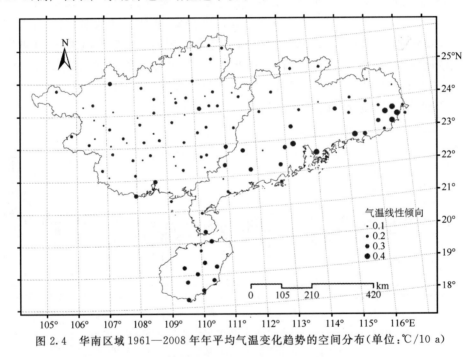

图 2.4　华南区域 1961—2008 年年平均气温变化趋势的空间分布(单位:℃/10 a)

从季节分布看,冬季平均气温的上升趋势最为明显,升温速率达 0.27℃/10 a,秋季次之,升温速率为 0.18℃/10 a,春季、夏季最小,升温速率分别为 0.12℃/10 a 和 0.10℃/10 a(图 2.5)。

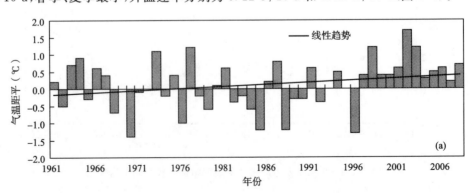

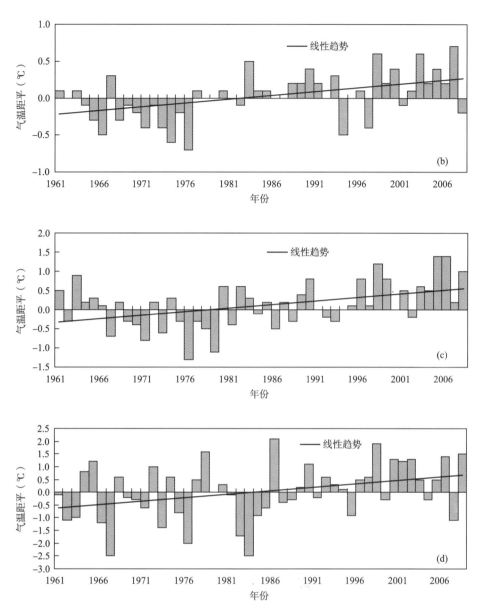

图 2.5　华南区域 1961—2008 年各季平均气温距平变化
(a)春季(b)夏季(c)秋季(d)冬季

2.2　降水

2.2.1　近 100 年降水

以广州气象观测站的资料分析华南区域近 100 年降水变化,结果表明:(1)1908—2008 年华南区域距平百分率的上升速率只有 1.00％/10 a,趋势不明显。(2)20 世纪 10 年代末期以前为相对少雨阶段,其后至 20 年代中期为相对多雨阶段,20 年代末期至 50 年代末期为相对少雨阶段,50 年代末期至 70 年代初期为相对多雨阶段,70 年代中期到 90 年代初期为相对少雨阶段,90 年代中期以后又为相对多雨阶段(图 2.6)。(3)逐年代变化看,20 世纪初期、20 世纪 10 年代、30 年代和 60 年代降水偏少,20 世纪 30 年代年降水偏少相对最多,降水距平百分率为－16.4％;20 世纪 20 年代、50 年代和 2000—2008 年年降水均偏多,2000—2008 年年降水偏多相对最多,降水距平百分率为 11.7％;20 世纪 40 年代、70 年代、80 年代和 90 年代年降水接近多年平均值(图 2.7)。

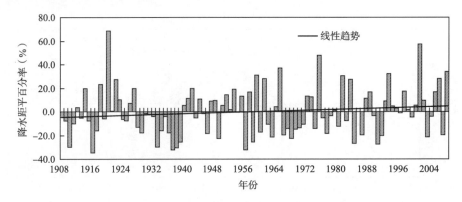

图 2.6　1908—2008 年广州气象观测站年降水量距平百分率及其变化趋势

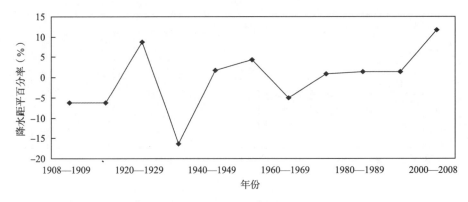

图 2.7　1908—2008 年广州气象观测站逐年代降水距平百分率变化

2.2.2　近 48 年降水

1961—2008 年,华南区域年降水量呈微弱增加趋势(0.65%/10 a),并有显著的年代际变化。20 世纪 60 年代、80 年代、21 世纪初期降水偏少,20 世纪 70 年代、90 年代中期降水偏多(图 2.8)。

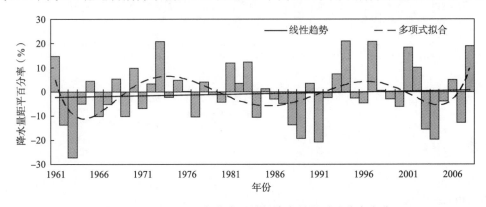

图 2.8　1961—2008 年华南区域年降水量距平百分率变化

从地域分布看,年降水量在广东东部沿海、广西北部、海南南部呈增加趋势,尤其以韩江三角洲地区增加最快,超过 40 mm/10 a,华南中部、雷州半岛、海南中部呈减少趋势,尤其在桂粤交界的中部地区减少速率最快,在 40 mm/10 a 左右(图 2.9)。

从降水汛期分布看,前汛期(4—6 月)、后汛期(7—9 月)降水量均呈微弱增加趋势,上升速率分别为 0.31%/10 a 和 1.16%/10 a,后汛期降水上升速率大于前汛期(图 2.10)。

近 48 年来,华南区域年降水日数呈减少趋势,减少速率为 4.82 d/10 a,其中广西西北部和海南岛减少趋势明显,减少速率达 8 d/10 a 以上。1961—2008 年期间,年降水日数最多的是 1975 年,年降水日数为 186 d,比常年偏多 27 d;年降水日数最少的是 2003 年,年降水日数 126 d,比常年偏少 33 d(图 2.11、图 2.12)。

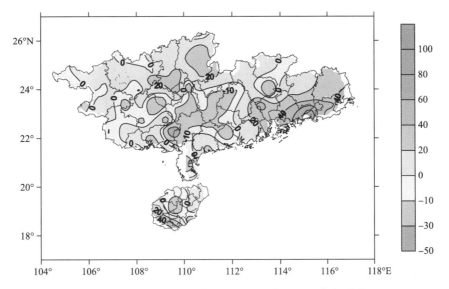

图 2.9 1961—2008 年华南区域年降水量变化趋势的空间分布(单位:mm/10 a)

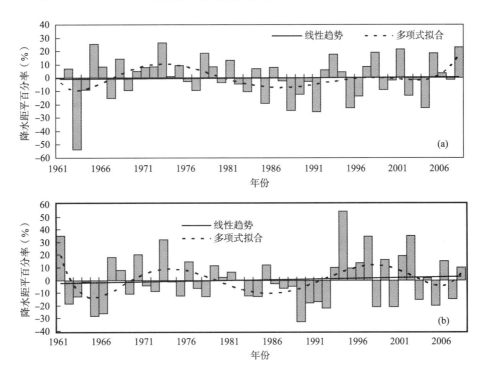

图 2.10 1961—2008 年华南区域前汛期(a)、后汛期(b)降水量距平百分率趋势变化

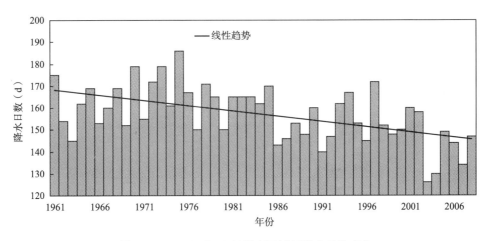

图 2.11 1961—2008 年华南区域年降水日数变化

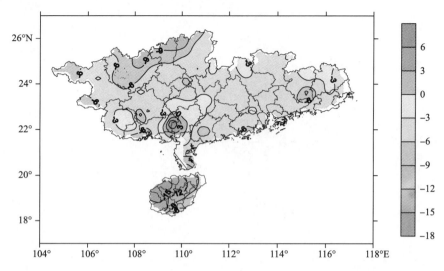

图 2.12　1961—2008 年华南区域年降水日数变化趋势的空间分布(单位:d/10 a)

　　以年降水量与年降水日数之比表示年平均降水强度。近 48 年来华南区域降水强度呈上升趋势,上升速率为 0.40(mm/d)/10 a,特别是 20 世纪 90 年代以来,降水强度上升趋势明显。从地域分布看,华南东部沿海、海南、广西西北部上升趋势明显,部分地区超过 1(mm/d)/10 a(图 2.13、图 2.14)。

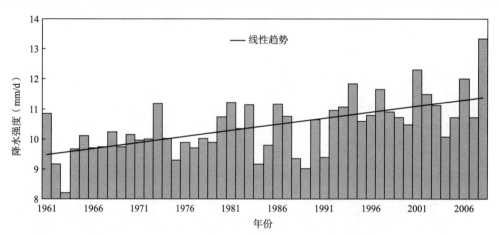

图 2.13　1961—2008 年华南区域年平均降水强度及其变化趋势

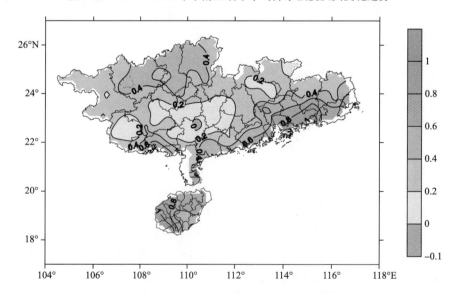

图 2.14　1961—2008 年华南区域年降水强度变化趋势空间分布(单位:(mm/d)/10 a)

2.3 相对湿度

1961—2008 年,华南区域年平均相对湿度总体上呈微弱降低趋势,降低速率为 0.45%/10 a,但 2002 年之后降低较为迅速,最低值出现在 2007 年,相对湿度为 75%,低于多年平均值 4.3 个百分点 (图 2.15)。从地域分布看,华南东南沿海相对湿度多呈降低趋势,尤其在珠江三角洲地区最为明显,降低速率高达 1.7%/10 a;其余地区相对湿度有不同程度的上升,上升速率较大的地区主要分布在广西北部,西部和广东雷州半岛(图 2.16)。

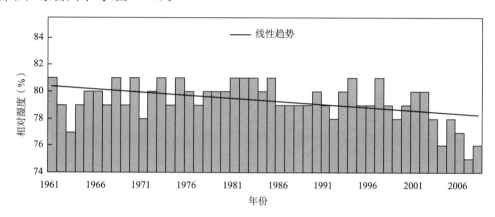

图 2.15 1961—2008 年华南区域年平均相对湿度变化

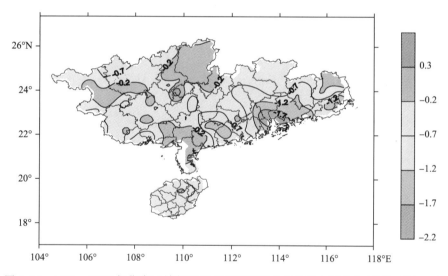

图 2.16 1961—2008 年华南区域年平均相对湿度变化趋势的空间分布(单位:%/10 a)

2.4 日照

1961—2008 年,华南区域年日照时数呈明显的下降趋势,下降速率为 40.86 h/10 a,20 世纪 90 年代以来下降尤为迅速。1961—2008 年期间,日照时数最多的年份是 1963 年,日照时数 2096.2 h,比常年偏多 391.1 h,偏多 22.9%,日照时数最少的年份是 1997 年,日照时数 1419.3 h,比常年偏少 285.8 h,偏小 16.8%(图 2.17)。除海南西部、雷州半岛西部、粤东边缘地带有微弱增加外,其他地区均呈下降趋势,大部分地区下降速率超过 40 h/10a(图 2.18)。

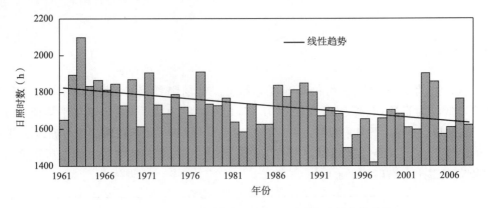

图 2.17 1961—2008 年华南区域年日照时数及其变化趋势

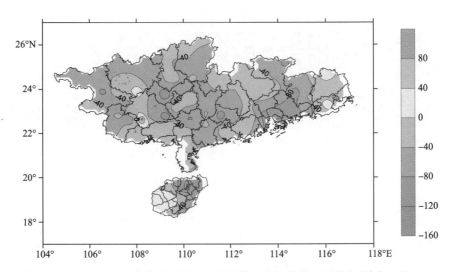

图 2.18 1961—2008 年华南区域年日照时数变化趋势的空间分布(单位:h/10 a)

2.5 风速

1961—2008 年,华南区域年平均风速呈显著的下降趋势,下降速率为 0.11(m/s)/10 a,以 20 世纪 80 年代中期为界,之前为正距平,之后为负距平。平均风速最大的是 1964 年,平均风速 2.3 m/s,比常年偏大 0.4 m/s,偏大了 2.1%。平均风速最小的是 2004 年,平均风速 1.6 m/s,比常年偏小 0.3 m/s,偏小了 14.7%(图 2.19)。整个华南区域年平均风速均有下降趋势,在广东和广西的中部地区、海南下降速率较大,在 0.1(m/s)/10 a 以上,其余大部分地区的下降速率多在 0.1(m/s)/10 a 以下(图 2.20)。

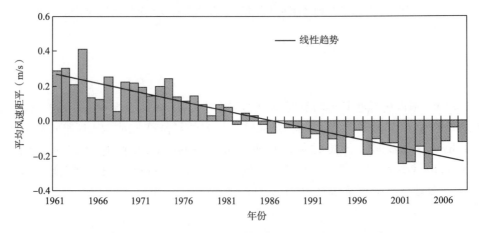

图 2.19 1961—2008 年华南区域年平均风速距平及其变化趋势

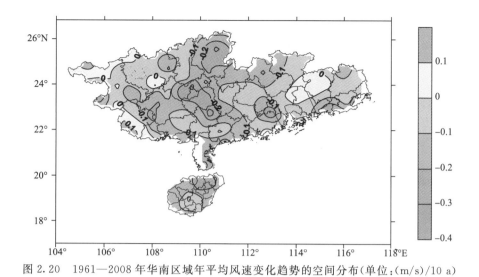

图 2.20 1961—2008 年华南区域年平均风速变化趋势的空间分布(单位:(m/s)/10 a)

2.6 云 量

2.6.1 近 48 年总云量变化趋势

1961—2008 年,华南区域总云量呈弱的下降趋势,下降速率仅为 0.02 成/10a。总云量最多的是 1970 年,总云量 8.0 成,比常年偏多 0.6 成,偏多了 8.0%,总云量最少的是 2004 年,总云量 6.7 成,比常年偏少 0.7 成,偏少了 9.4%(图 2.21)。除华南东部沿海、广东韶关、海南西部有上升趋势外,其余大部分地区均有微弱的减少趋势,其中广西西北局部地区下降较快,达 0.1 成/10a(图 2.22)。

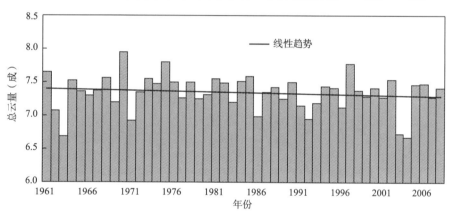

图 2.21 1961—2008 年华南区域总云量及其变化趋势

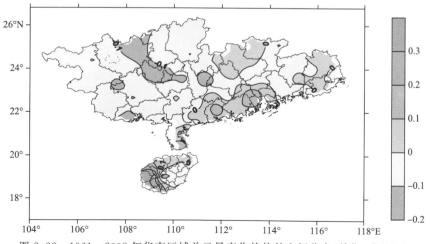

图 2.22 1961—2008 年华南区域总云量变化趋势的空间分布(单位:成/10 a)

2.7　蒸发

　　1961—2008 年，华南区域蒸发量呈明显的下降趋势，下降速率达 65.90 mm/10 a，并且以 20 世纪 80 年代为界，之前为正距平，之后基本为负距平。蒸发量最大的是 1963 年，蒸发量为 1791.4 mm，比常年偏多 228.9 mm，偏多 14.6%，最小的是 2002 年，蒸发量 1310.2 mm，比常年偏少 252.3 mm，偏少 16.1%（图 2.23）。蒸发量整体上呈减少趋势，在广西西北和东南角、广东中部、雷州半岛、粤东地区下降速率在 40 mm/10 a 以下，其余地区下降速率多在 60～100 mm/10 a 之间（图 2.24）。

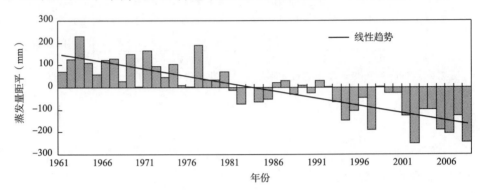

图 2.23　1961—2008 年华南区域蒸发量距平及其变化趋势

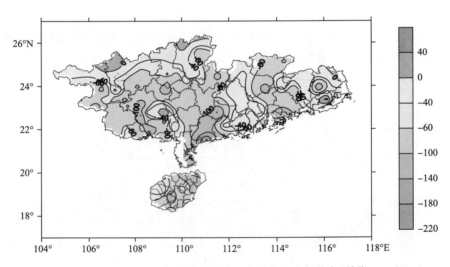

图 2.24　1961—2008 年华南区域蒸发量变化趋势的空间分布（单位：mm/10 a）

第3章 极端天气气候事件和天气现象变化事实分析

3.1 高温

3.1.1 高温日数

1961—2008 年,华南区域日最高气温≥35℃的高温日数以 1.1 d/10 a 的速率显著增加,1998 年以来高温日数持续偏高,其中有 6 年的高温日数大于 20 d。在地域分布上,珠江三角洲、广东西部、广东东部、海南北部增加更为明显,而广西西南部增加很小,广西北部地区甚至有微弱的减少趋势(图 3.1、图 3.2)。

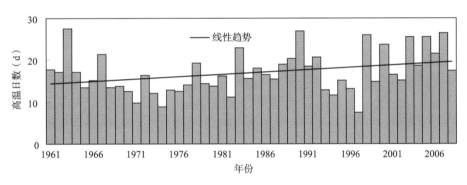

图 3.1 1961—2008 年华南区域年高温日数及其变化趋势

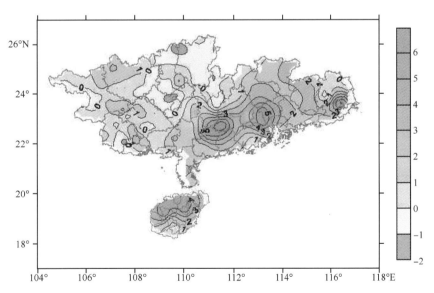

图 3.2 1961—2008 年华南区域高温日数变化趋势的空间分布(单位:d/10 a)

3.1.2 平均最高气温

1961—2008 年,华南区域年平均最高气温呈明显的上升趋势,上升速率为 0.15℃/10 a,20 世纪 80 年代末期以来上升更加明显,上升速率达 0.31℃/10 a,1998 年以后的 11 年均高于常年平均值。整个区域平均最高气温均呈一致的上升趋势,但由东南向西北逐渐减少,增温趋势较明显的区域位于华南沿海地区以及海南东南部,上升速率大于 0.20℃/10 a,其中韩江三角洲、珠江三角洲地区增温最为显著(图 3.3、图 3.4)。

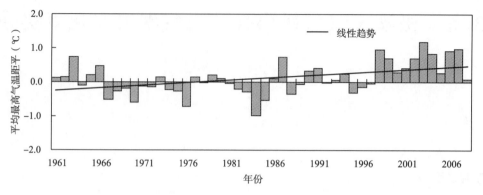

图 3.3　1961—2008 年华南地区平均最高气温距平及其变化趋势

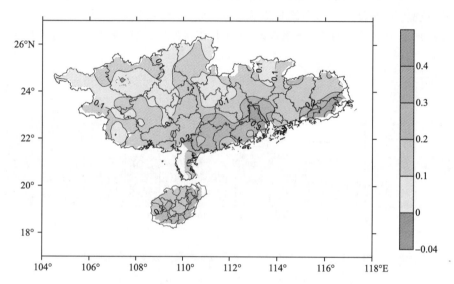

图 3.4　1961—2008 年华南区域年平均最高气温变化趋势的空间分布(单位:℃/10 a)

3.1.3　极端最高气温

1961—2008 年,华南区域年极端最高气温呈明显的上升趋势,上升速率为 0.19℃/10 a,20 世纪 60 年代至 80 年代中期极端最高气温普遍低于多年平均值,80 年代中期以后,极端最高气温持续增加。最大值出现在 1988 年,年极端最高气温 42.2℃,比平均值偏高 2.5℃,最小值出现在 1974 年,极端最高气温 37.7℃,比平均值偏低 2.0℃。除广西中北部有下降趋势外,其他地区均呈不同程度的上升趋势,其中,珠江三角洲和韩江三角洲地区的上升速率最大,在 0.3℃/10 a 以上(图 3.5、图 3.6)。

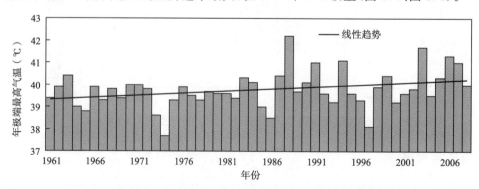

图 3.5　1961—2008 年华南区域极端高温及其变化趋势

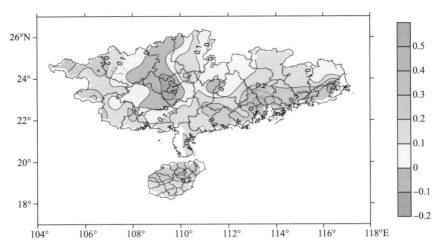

图 3.6　1961—2008 年华南区域极端最高气温变化趋势的空间分布(单位:℃/10 a)

3.2　低温

3.2.1　低温日数

　　1961—2008 年,华南区域日最低气温≤5℃的低温日数以 1.3 d/10 a 的速率减少,20 世纪 80 年代中期以来减少更加明显。越向北减少程度越大,北部地区减少速率达 4~5 d/10 a(图 3.7、图 3.8)。

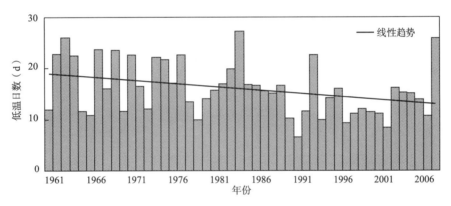

图 3.7　1961—2008 年华南区域≤5℃的低温日数及其变化趋势

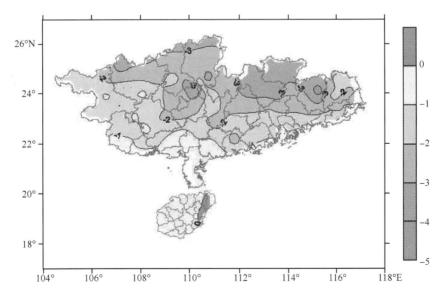

图 3.8　1961—2008 年华南区域≤5℃的低温日数变化趋势的空间分布(单位:d/10 a)

3.2.2　平均最低气温

1961—2008 年,华南区域年平均最低气温呈上升趋势,上升速率为 0.21℃/10 a,20 世纪 80 年代中期以前基本低于多年平均值,以后基本高于多年平均值,最小值出现在 1971 年,比多年平均值偏低 0.8℃,最大值出现在 1998 年,比多年平均值偏高 1.0℃。整个区域平均最低气温均呈一致的上升趋势,其中珠江三角洲上升速率最大,达 0.5℃/10 a 以上(图 3.9、图 3.10)。

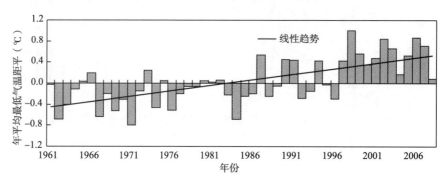

图 3.9　1961—2008 年华南地区平均最低气温距平及其变化趋势

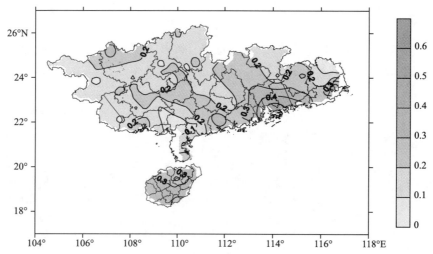

图 3.10　1961—2008 年华南区域平均最低气温变化趋势的空间分布(单位:℃/10 a)

3.2.3　极端最低气温

1961—2008 年,华南区域年极端最低气温呈明显的上升趋势,上升速率为 0.48℃/10 a,20 世纪 70 年代中期之前基本低于多年平均值,从 70 年代末开始增温较为显著,最高值出现在 2007 年,年极端最低气温 −1.6℃,比平均值偏高 2.5℃,最低值出现在 1963 年,极端最低气温 −8.4℃,比平均值偏低 4.3℃。整个区域极端最低气温均呈一致的上升趋势,并呈东部、西部高中部低的空间分布,东部、西部的上升速率在 0.5℃/10 a 以上(图 3.11、图 3.12)。

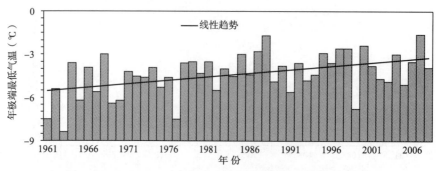

图 3.11　1961—2008 年华南区域极端最低气温及其变化趋势

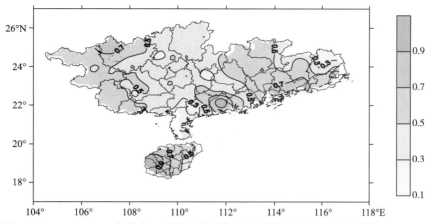

图 3.12　1961—2008 年华南区域极端最低气温变化趋势的空间分布(单位:℃/10 a)

3.2.4　低温事件

20 世纪 50 年代以来,华南严重的冬季寒害共有 8 次,分别是 20 世纪 50 年代 2 次,70 年代 1 次,90 年代 4 次,21 世纪 1 次。20 世纪 90 年代以来的严重冬季寒害占 50 年代以来严重寒害次数的 62.5%。其中 20 世纪 90 年代的 4 次寒害仅给广东农业就造成了 213 亿元的经济损失。2008 年 1 月中旬到 2 月初,广东遭遇了严重的低温雨雪冰冻灾害,低温持续 32 天,全省平均气温仅 9.2℃,较常年偏低 4.1℃,创历史新低(图 3.13),影响范围几乎覆盖全省,各地过程最低日平均气温均低于 10℃,有 33 个市(县)低于 5℃,持续时间之长、平均气温之低、影响范围之广均为历史所罕见。低温造成树木折断,鱼类死亡,电力中断,交通受阻,全省直接经济损失达 166 多亿元;此时又恰逢春运高峰期,大量返乡旅客滞留广东境内,严重危及公共安全,社会反响巨大。

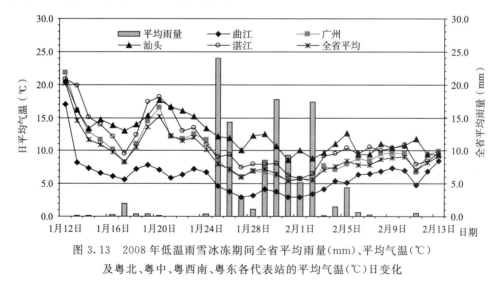

图 3.13　2008 年低温雨雪冰冻期间全省平均雨量(mm)、平均气温(℃)
及粤北、粤中、粤西南、粤东各代表站的平均气温(℃)日变化

3.3　暴雨

气象上规定的暴雨是指某站某一天(20—20 时、北京时)24 h 累计降水量≥50.0 mm 的降水。某站某日降水量≥50 mm 则称为发生一次暴雨降水事件,某时间段发生暴雨降水事件的次数称为暴雨降水频数,该时间段内的暴雨降水总量为暴雨降水日的降水量之和,暴雨降水平均强度为日降水量≥50 mm 以上降水总量与暴雨频数之比。

3.3.1　暴雨降水频数

1961—2008 年,华南区域年暴雨降水频数呈波动上升趋势,上升速率为 0.18 d/10 a,但上升趋势不明显,没有通过 0.05 的显著性检验。暴雨降水频数最多的年份是 2008 年,比常年偏多 2.8 d,极端降水频数最少的年份是 1963 年,比常年偏少 3 d。年暴雨降水频数在两广地区的东南和西部呈增加趋势,中部呈减少趋势,海南地区也呈增加趋势,其中广西西部增加较为明显,增加速率 0.20 d/10 a 以上(图 3.14、图 3.15)。

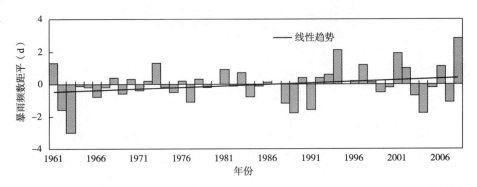

图 3.14 华南区域年暴雨降水频数距平及其变化趋势

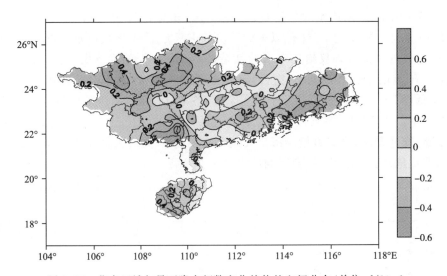

图 3.15 华南区域年暴雨降水频数变化趋势的空间分布(单位:d/10 a)

3.3.2 暴雨降水量

1961—2008 年,华南区域年暴雨降水量呈波动上升趋势,上升速率为 16.57 mm/10 a,没有通过 0.05 的显著性检验。暴雨降水量最多的年份是 2008 年,比常年偏多 303.2 mm,最少的年份是 1963 年,比常年偏少 246.1 mm。从年暴雨降水量变化趋势的空间分布看,除粤桂交界地带的中部地区有减少趋势外,其余地方均有不同程度的增加趋势,其中在广西的西北、北部湾、海南西南、粤东部分地区增加速率较大,大于 20 mm/10 a,部分地区增加速率超过 40 mm/10 a)(图 3.16、图 3.17)。

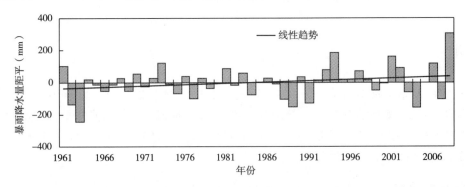

图 3.16 华南区域年暴雨降水量距平及其变化趋势

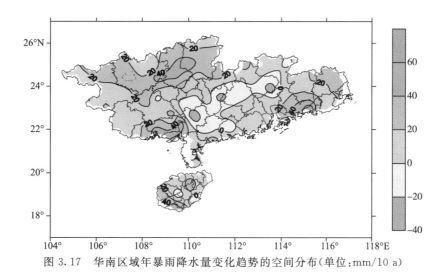

图 3.17　华南区域年暴雨降水量变化趋势的空间分布(单位:mm/10 a)

3.3.3　暴雨降水强度

1961—2008 年,华南区域暴雨降水平均强度呈波动上升趋势,上升速率仅为 0.19(mm/d)/10 a,上升趋势不明显。暴雨降水平均强度最大的年份是 2008 年,比常年偏大 7.7 mm/d,极端降水平均强度最小的年份是 1975 年,比常年偏小 5.6 mm/d。从年暴雨降水量变化趋势的空间分布看,粤北、海南东部、广西西南以及北部地区极端降水平均强度有增大趋势,其余地区有变小趋势(图 3.18、图 3.19)。

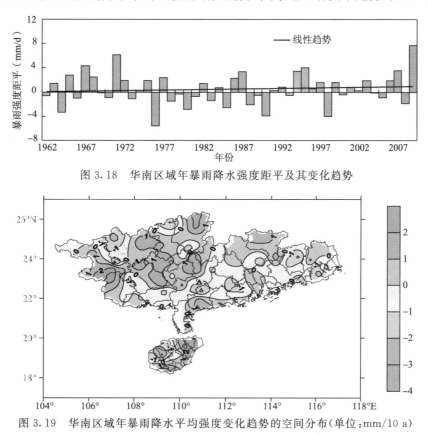

图 3.18　华南区域年暴雨降水强度距平及其变化趋势

图 3.19　华南区域年暴雨降水平均强度变化趋势的空间分布(单位:mm/10 a)

3.4　雾、灰霾

3.4.1　雾

1961—2008 年,华南区域雾日总体呈减少趋势,减少速率为 0.7 d/10 a。20 世纪 80 年代以来减少尤为显著,年平均雾日数为 13.2 d,低于历年平均 14.1 d。从雾日变化趋势的空间分布看,两广地区的东部和西部地区雾日数有微弱减少趋势,中部地区有微弱增加趋势,海南省的雾日数变化趋势最明显,其东部呈减少趋势,其西部呈增加趋势(图 3.20、图 3.21)。

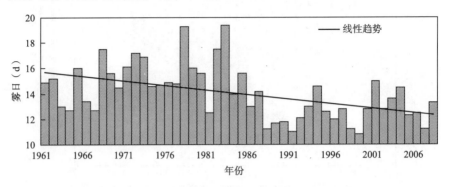

图 3.20　1961—2008 年华南区域雾日数变化趋势

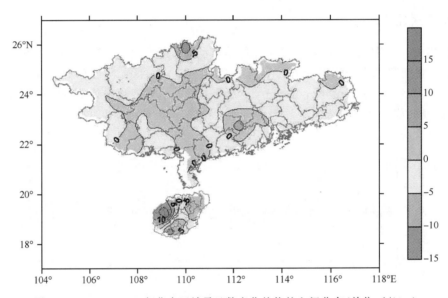

图 3.21　1961—2008 年华南区域雾日数变化趋势的空间分布(单位:d/10 a)

3.4.2　灰霾

1961—2008 年,华南区域灰霾日数总体呈增加趋势,增加速率为 6.3 d/10 a。20 世纪 80 年代以来增加尤为明显,2007 年高达 51.5 d。从灰霾日变化趋势的空间分布看,以广东霾日数增加最快、广西次之、海南大部有减少趋势;其中尤以珠江三角洲地区增加最为迅速,最大达 24 d/10 a 以上,其次是粤西和桂中地区,最大达 12 d/10 a 以上,在粤北地区也高达 8 d/10 a 以上(图 3.22、图 3.23)。

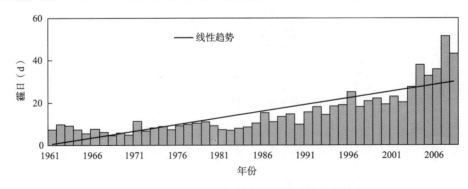

图 3.22　1961—2008 年华南区域霾日数变化趋势

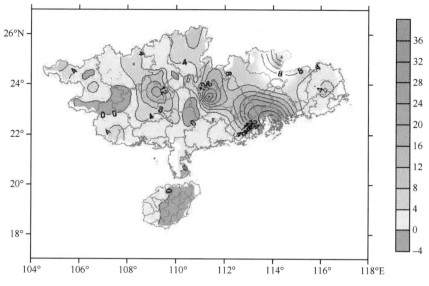

图 3.23　1961—2008 年华南区域霾日数变化趋势的空间分布(单位:d/10 a)

3.5　雷暴

1961—2008 年,华南区域雷暴日数总体上呈减少趋势,减少速率为 5.5 d/10 a。20 世纪 80 年代中期以来减少明显,2003 年只有 58.6 d。从雷暴日变化趋势的空间分布看,广东沿海减少较小,减少速率小于 4 d/10 a,海南北部减少较大,减少速率大于 8 d/10 a(图 3.24、图 3.25)。

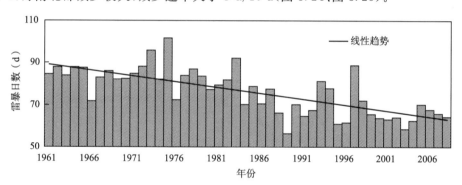

图 3.24　1961—2008 年华南区域雷暴日数变化趋势

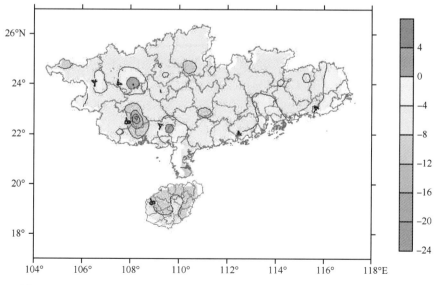

图 3.25　1961—2008 年华南区域雷暴日数变化趋势的空间分布(单位:d/10 a)

3.6　热带气旋

3.6.1　热带气旋个数

1961—2008 年登陆华南的热带气旋共 315 个,年均 6.56 个,其中台风以上等级的 152 个,占热带气旋总数的 48.2%,年均 3.16 个。48 年间登陆华南的热带气旋个数和台风以上强度的热带气旋个数均以 0.6 个/10 a 的速率呈弱的下降趋势(图 3.26)。

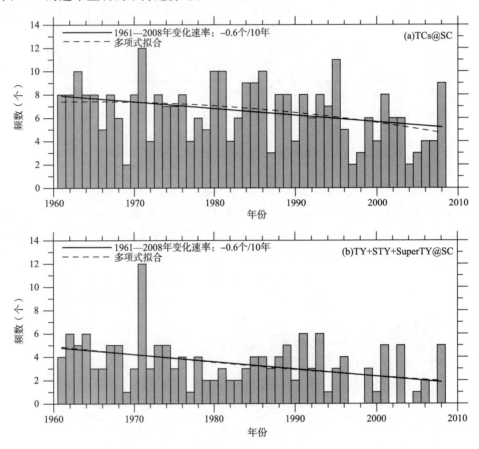

图 3.26　1961—2008 年登陆华南地区的热带气旋频数(直方柱)及其变化趋势
(a)总个数,(b)台风以上强度的个数

3.6.2　热带气旋强度

1961—2008 年登陆华南热带气旋的平均中心气压为 982.8 hPa,平均风力等级 9.4 级,介于热带风暴和强热带风暴之间,平均中心气压没有明显的线性变化趋势。平均极端最低气压为 963.0 hPa,以 1973 年 9 月 14 日登陆华南的热带气旋强度最强,中心气压为 925 hPa,风力等级为 17 级,48 年间极端最低气压有减弱的趋势,速率为 1.9 hPa/10 a(图 3.27)。

3.6.3　热带气旋生成源地

1961—2008 年登陆华南热带气旋生成源地的平均最南位置为 12.7°N,平均最北位置为 19.2°N。尽管最南、最北位置年际变化较大,但仍表现出向北移动的倾向。逐年登陆华南热带气旋源地的最南位置以 1.1°N/10 a 的趋势向北移,而最北位置以 0.4°N/10 a 的趋势北移。1996—2008 年源地最南位置较 1961—1995 年北移了 4.3°N,最北位置北移了 0.6°N。总体来说,近几年登陆华南热带气旋生成源地位置向 10°~19°N 区间汇聚(图 3.28)。

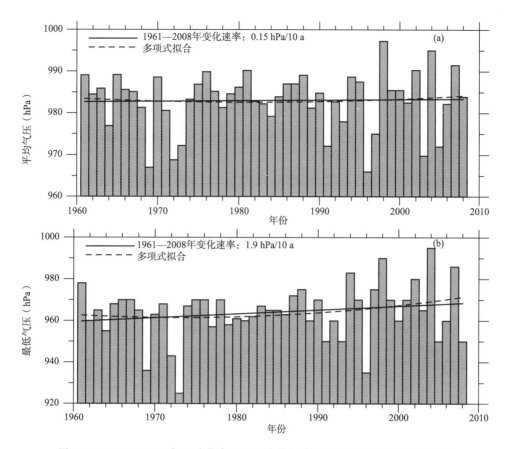

图 3.27 1961—2008 年登陆华南地区的热带气旋强度(直方柱)及其变化趋势

(a)平均中心气压,(b)极端最低气压

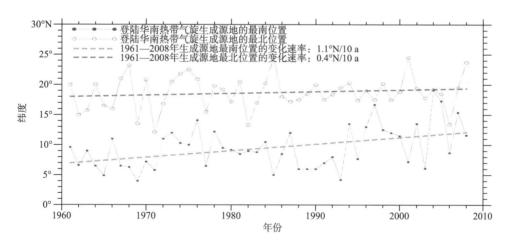

图 3.28 1961—2008 年登陆华南热带气旋生成源地最南位置和
最北位置纬度位置及其变化趋势

3.6.4 初旋和终旋

定义"初旋日"为每年首个登陆华南热带气旋的日期,"终旋日"为每年最后一次登陆华南热带气旋的日期。登陆华南热带气旋的平均初旋日在 6 月 21 日,终旋日在 10 月 8 日,终旋日与初旋日的差值为 110 天。1961—2008 年,初旋日以 1.8 d/10 a 的速率推迟,而终旋日以 3.6 d/10 a 的速率提前,尤其在 20 世纪 90 年代中后期—21 世纪前期表现较为明显,初旋日显著推后,而终旋日显著提前(图 3.29)。台风季(每年终旋日与初旋日的差值)以 5.4 d/10 a 的速率减少,20 世纪 60 年代和 20 世纪 90 年代中后期—21 世纪前期处于偏短时期,近几年又开始呈现增加趋势(图 3.30)。

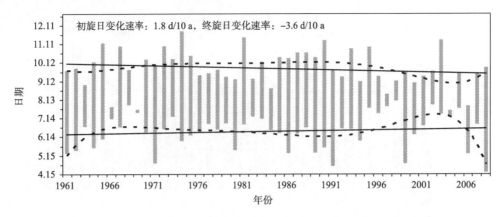

图 3.29　1961—2008 年登陆华南地区热带气旋的初旋日(直方柱下方值)
和终旋日(直方柱上方值)及其变化趋势

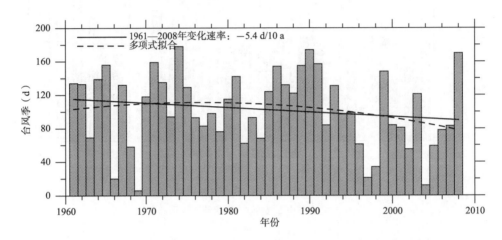

图 3.30　1961—2008 年登陆华南地区热带气旋的台风季(直方柱)及其变化趋势

3.7　南海夏季风

南海夏季风是东亚季风的重要组成部分,南海夏季风的爆发标志着东亚夏季风的来临和中国雨季的开始。它的强弱不仅会对亚洲季风系统,而且会对北半球的环流和天气产生重要影响(李崇银和张利平,1999)。

3.7.1　南海夏季风爆发日的变化

南海地区 850 hPa 平均纬向风速大于零(表明西太平洋副高脊大部分移出南海地区),同时南海地区偏西风主要来源于孟加拉湾南部。当上述两个条件同时满足并持续 5 天以上,且其后连续中断(南海地区平均纬向风小于零)天数不大于前期西南季风出现天数的 3 倍,则将满足条件的第 1 天定为南海西南季风爆发日(梁建茵和吴尚森,2002)。

图 3.31 为 1958—2008 年南海夏季风爆发日期距平及小波变换系数和平均整体小波功率谱。1958—2008 年平均的南海夏季风爆发时间为 5 月 18 日,根方差约 10 天。线性趋势项为 -0.15 d/a,说明南海夏季风爆发有弱的变早趋势(图 3.31a),但达不到 $\alpha=0.10$ 的显著性水平检验。从小波系数来看,1980 s 末之前,主要周期以 4~7 年为主,且大多能通过 $\alpha=0.10$ 的显著性水平检验;1980 s 后期至 2008 年,主要周期以 11~16 年的年代际变化为主,且均能通过 $\alpha=0.10$ 的显著性水平检验(图 3.31b)。平均整体小波功率谱表明,存在 15.4 年和 5.3 年两个主要周期,其中 5.3 年的年际变化通过了 $\alpha=0.05$ 的显著性水平检验,15.4 年的年代际变化通过了 $\alpha=0.10$ 的显著性水平检验。因此,南海夏季风爆发日期具有 5 年、15 年左右的变化周期(图 3.31c)。

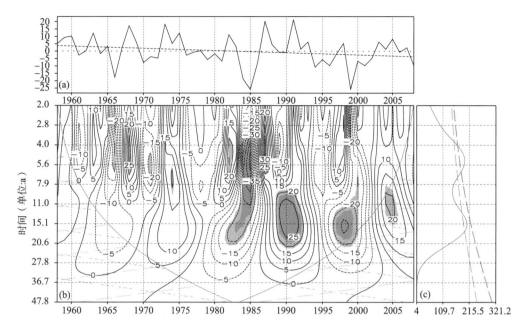

图 3.31 南海夏季风爆发日期距平序列（实线）及其趋势线（虚线）(a)、小波变换系数(b)和平均
整体小波功率谱(c)((b)中浅色和深色分别表示达到 0.10 和 0.05 的显著性水平;(c)中的粗、细虚线
分别表示达到 0.05 和 0.10 的显著性水平。显著性检验采用了 Monte-Carlo 方法。)

由图 3.31c 可见,9 年周期的震荡较弱,以 9 年作为年际与年代际变化的周期分割点,采用 Lanczos 滤波器(Duchon,1979)把南海夏季风爆发时间序列分解为年际与年代际变化两个时间序列。表明年际变化的较大振幅出现在 1960 年代中期至 1970 年代中期、1980 年代和 1990 年代末;年代际变化的较大振幅出现在 1980 年代初以后(图 3.32)。这与小波变换系数图中表现出来的特征基本一致。

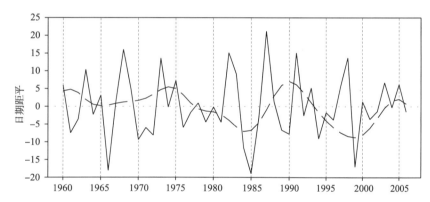

图 3.32 南海夏季风爆发日期在年际（实线）和年代际（虚线）时间尺度上的变化（单位:d）

3.7.2 南海夏季风强度的变化

采用南海区域($10°\sim20°$N,$110°\sim120°$E)上 6—8 月份月平均 850 hPa 在西南方向上的平均风速作为南海夏季风强度指数(吴尚森和梁建茵,2001)。利用月平均 NCEP 再分析资料计算 1948—2003 年的逐年南海夏季风强度指数。

图 3.33 给出 1948—2008 年间逐年南海夏季风强度距平和对应的小波变换系数及小波方差,其中小波变换以墨西哥帽为小波母函数。多年平均的南海夏季风强度为 5.0 m/s,标准差为 0.9 m/s,南海夏季风强度有弱的减弱趋势。1972 年南海夏季风强度最强,偏强 2.6 m/s;1996 年南海夏季风强度最弱,偏弱 1.8 m/s。南海夏季风强度具有明显的年际变化、年代和年代际变化。年际变化在 1960 年代后期至 1970 年代初和 1970 年代末以后强,其余时段较弱。年代变化在 1960 年代以前、1970 年代初至 1980 年代末强,其余时段相对弱。在年代际尺度上,1960 和 1981 年分别经历了由弱到强及由强到弱的转变,1981 年的转换和 1970 年代末的气候突变在发生时间上接近。1950 年代—1960 年代前期、1970 年代—1980 年代以 8～10 年左右的周期变化为主,1990 年代至今以准 2～3 年左右的周期为主

(图 3.33a、图 3.33b)。从小波方差来看,南海夏季风强度具有明显的准 4 年、9 年和 36 年左右的主要周期(图 3.33c)。

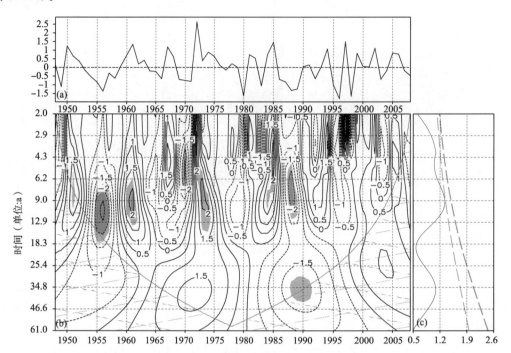

图 3.33 南海夏季风强度距平序列(实线)及其趋势线(虚线)(a)、小波变换系数(b)和平均整体小波功率谱(c)((b)中浅色和深色分别表示达到 0.10 和 0.05 的显著性水平;(c)中的粗、细虚线分别表示达到 0.05 和 0.10 的显著性水平。显著性检验采用了 Monte-Carlo 方法。)

小波方差还表明 5 年和 19 年左右的周期振荡对应到南海夏季风强度变化的能隙。以此为截断周期,用 Lanczos 滤波器自然地把南海夏季风强度时间序列分解年际(周期小于 5 年)、年代(周期介于 5 年和 19 年)和年代际(周期大于 19 年)三种时间尺度上的变化(图 3.34)。南海夏季风强度变化标准差为 0.91 m/s,年际、年代和年代际变化的标准差分别为 0.68 m/s、0.45 m/s 和 0.22 m/s。年际变化最强,年代际变化最弱。可以看出,较强的准两年变化发生在 1970 年代前期、1980 年代前期和 1990 年代中后期;年代尺度上的振幅和年际尺度的接近;年代际尺度的振幅最小。从年代际变化曲线上看,1961 年发生从年代际负异常向正异常的转换;1981 年发生从年代际正异常向负异常的转换;2000 年发生从年代际负异常向正异常的转换。其中 1981 年和 2000 年这两个南海夏季风强度年代际转换时间都非常接近 1977 年和 1998 年末的太平洋年代际突变。

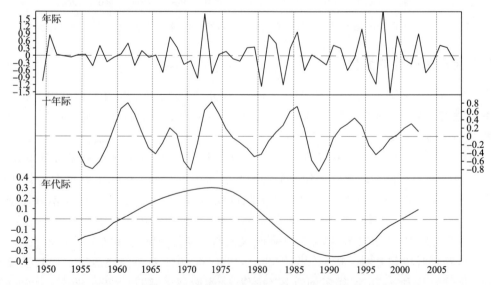

图 3.34 Lanczos 滤波得到的南海夏季风强度距平(m/s)在年际、十年际和年代际尺度上的变化

第4章　珠江三角洲城市化对区域气候变化的影响

4.1　珠江三角洲城市化对热岛效应的影响

4.1.1　资料和方法

　　气温资料取自珠江三角洲地区各气象站,研究方法采用城郊对比法。研究范围包括珠江三角洲20座大中小型城市(不包括港澳地区)(图4.1)。选取位于市郊或者受城市影响很小的从化、四会、新兴和台山4个气象站作为对照站,取1971—2000年各站的气温平均值为气候平均值,各站气温距平与对照站(从化、四会、新兴、台山站平均)气温距平之差值为各气象站的热岛强度。

4.1.2　热岛强度时间变化

　　深圳、番禺、中山基本上代表了珠江三角洲地区经济活动最活跃的区域,花都、三水的经济虽不比上述地区发达,但也有一定的代表性。下面主要对这些城市进行分析。

　　(1)热岛强度年际变化

　　1985年以前,除深圳站有些年份热岛(冷岛)强度较明显外,其他站点的热岛(冷岛)强度都较小,说明1985年以前珠江三角洲都市群基本上无热岛效应。1983年以后深圳的气温距平与对照站气温距平的差值均为正值,一致表现为热岛形式,无冷岛出现,其余地区1988年后的气温距平差值也有较明显增大且为正值,说明这段时间珠江三角洲地区都市群局部热岛效应陆续形成。1993年以后,各站与对照站的气温距平差值明显增大(均为正值),并保持稳定的趋势(表4.1),说明珠江三角洲都市群1993年后整体出现明显的热岛效应,这与广东经济发展的形势比较吻合。

　　1983—1992年深圳市出现的明显热岛效应现象可以解释为1979年中央确定建立深圳经济特区后,深圳便进入大规模的建设阶段,经过约3年时间的建设,深圳已从一个边陲小镇变成初具规模的大型城市。钟保磷(1996)也指出,位于市中心地带的深圳气象站观测环境改变最大的是1986年,该年以后观测场逐渐为周围越来越多的高楼所包围。以上事实说明,像深圳市这样快速发展起来的城市,其城市热岛效应有立竿见影之效。深圳、中山、番禺、花都平均年热岛强度变化曲线也显示,1976—1982年热岛强度的绝对值很小,热岛效应可忽略不计,1983—1987年热岛强度上一个新台阶,1988年后珠三角城市群年平均热岛强度有一个明显的上升过程。珠三角城市群热岛强度由1983年前的0.1℃的低水平上升到1993年的0.5℃的较高水平,1993—2008年的年热岛强度在0.45—0.77℃之间波动(图4.2)。

表4.1　1976—2006年各代表站逐年热岛强度(℃)

站名 时间	深圳	中山	番禺	花都
1976	−0.014	0.02	0.03	0.08
1977	−0.014	−0.11	0.11	−0.05
1978	−0.20	0.02	0.10	0.04
1979	−0.20	0.02	0.11	0.02
1980	−0.25	0.05	−0.07	−0.07
1981	0.04	0.05	−0.09	−0.10
1982	0.00	0.04	0.00	−0.08
1983	0.34	0.07	0.07	0.07

续表

时间　　站名	深圳	中山	番禺	花都
1984	0.42	0.02	0.10	0.06
1985	0.33	−0.02	0.09	0.08
1986	0.23	0.02	0.19	0.25
1987	0.33	0.05	0.08	−0.02
1988	0.69	0.10	0.16	0.05
1989	0.41	0.02	0.14	0.14
1990	0.40	0.14	0.15	0.18
1991	0.71	0.24	0.24	0.09
1992	0.86	0.16	0.46	0.29
1993	0.86	0.47	0.51	0.29
1994	0.73	0.59	0.38	0.29
1995	0.61	0.67	0.64	0.29
1996	0.96	0.65	0.73	0.33
1997	0.55	0.53	0.47	0.22
1998	0.55	0.59	0.54	0.27
1999	0.73	0.72	0.67	0.33
2000	0.50	0.64	0.62	0.21
2001	0.87	0.81	0.82	0.45
2002	0.78	0.81	0.75	0.34
2003	0.79	0.82	0.76	0.35
2004	0.82	0.83	0.78	0.38
2005	0.84	0.84	0.81	0.38
2006	0.85	0.84	0.82	0.39

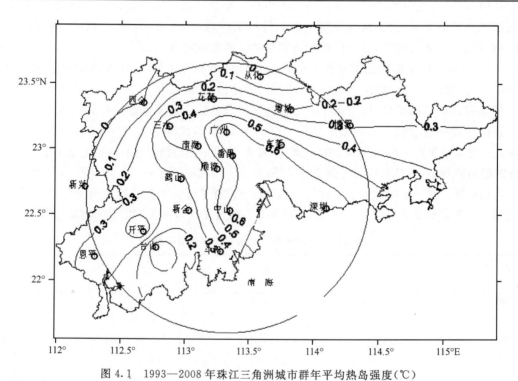

图 4.1　1993—2008 年珠江三角洲城市群年平均热岛强度(℃)

(2)热岛强度月际变化

选择深圳、番禺、三水、顺德、中山、花都的热岛强度分析珠江三角洲城市群热岛强度的月际变化情况。由表 4.2 可知,热岛强度 4 月份最弱,11 月份最强,4—7 月除 5 月份略偏强外,其余月份均较弱,

9—12月持续偏强。热岛强度的月际变化有明显的季节性,秋季珠江三角洲地区受副高控制,风速较小且少云,热岛强度最大,而冬春季受冷空气影响,或风速加大,或云量增多,热岛强度趋于减弱,4月份起珠江三角洲地区开始进入汛期阶段,雨势明显加大,热岛强度最弱。夏季多云,受海风调节,热岛强度也较小。这与国内外其他城市热岛规律比较相似(丁金才等,1998;周红妹等,1998)。

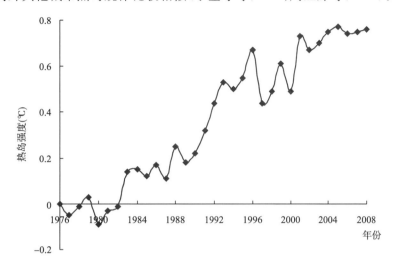

图 4.2 珠江三角洲城市群热岛强度逐年变化趋势

表 4.2 1993—2008 年平均热岛强度逐月变化(℃)

月份 站名	1	2	3	4	5	6	7	8	9	10	11	12	年
深圳	0.76	0.58	0.77	0.40	0.49	0.57	0.65	0.74	0.76	0.78	0.83	0.78	0.67
番禺	0.60	0.52	0.58	0.35	0.58	0.63	0.57	0.44	0.71	0.85	0.91	0.77	0.62
三水	0.39	0.54	0.39	0.39	0.53	0.55	0.45	0.38	0.48	0.57	0.69	0.41	0.48
顺德	0.34	0.29	0.38	0.32	0.52	0.19	0.42	0.25	0.51	0.57	1.02	0.63	0.44
中山	0.57	0.48	0.58	0.43	0.50	0.59	0.61	0.53	0.68	0.87	0.95	0.87	0.64
花都	0.23	0.31	0.21	0.14	0.37	0.27	0.16	0.23	0.38	0.49	0.49	0.28	0.29
平均	0.48	0.48	0.49	0.34	0.50	0.37	0.37	0.43	0.59	0.69	0.82	0.62	0.52

(3)热岛强度日变化

用月平均最高气温代表白天,月平均最低气温代表夜间的热岛强度,白天各市的年平均热岛强度为0.24℃,而夜间为0.61℃。白天与夜间相差最大的是深圳市,相差1.17℃,这与深圳市位于盆地有关。

热岛强度昼弱夜强的现象在不同季节有不同的表现。秋季(11月)两者相差最大,各市平均为0.99℃,春季(4月)最小,为0.12℃,冬季(1月)次大,为0.66℃,夏季(8月)与春季差不多,为0.14℃,热岛强度的日变化表明,秋冬季节白天的热岛强度很弱,而夜间却很强,春夏季节日变化比较平稳(表4.3)。白天有些城市存在冷岛现象,深圳春秋季节和三水的冬季冷岛现象还比较明显,冷岛强度在0.2℃左右。另外顺德、花都、三水和中山春夏季节热岛强度出现昼强夜弱的反常现象,其中顺德最明显,这与该站位于小山顶,夜间风速加大,利于散热有关。而三水、中山站靠近珠江干流,晚上风速较大,也利于散热。

表 4.3 1993—2008 年年、月平均热岛强度比较(℃)

月份 站名		1 月	4 月	8 月	11 月	年
花都	白天	−0.02	0.12	−0.01	0.14	0.08
	夜晚	0.18	0.08	0.14	0.52	0.27
番禺	白天	0.23	0.39	0.36	0.12	0.37
	夜晚	0.82	0.43	0.50	1.29	0.74

月份 站名		1月	4月	8月	11月	年
三水	白天	−0.2	0.28	0.33	−0.06	0.2
	夜晚	0.55	0.20	0.24	0.87	0.46
顺德	白天	0.26	0.49	0.31	0.21	0.39
	夜晚	0.54	0.26	0.17	1.08	0.44
中山	白天	0.36	0.27	0.54	0.26	0.44
	夜晚	0.76	0.38	0.38	1.22	0.64
深圳	白天	−0.02	−0.17	0.09	−0.2	−0.04
	夜晚	1.14	0.72	1.08	1.46	1.13
平均	白天	0.13	0.26	0.27	0.08	0.24
	夜晚	0.71	0.38	0.41	1.07	0.61

4.1.3　热岛强度空间变化

珠江三角洲城市群热岛强度呈明显的马鞍形分布,中间强,周围弱,深圳、番禺、中山、东莞这些处于珠江两岸经济发达的地区,其年平均热岛强度最大,为 0.58～0.70℃,而花都、增城、搏罗、高鹤、新会、斗门等处于外围且经济相对落后的地区,其热岛强度较弱,为 0.20～0.30℃。顺德站属于中间地带,但其年平均热岛强度为 0.44℃,这跟其观测场位于小山顶,并且周围建筑较低,受城市热岛效应影响较小有关。另外珠江三角洲西南部的恩平—开平一带有一个热岛强度副中心,这可能与该地有大型的水泥厂有关(图 4.1)。珠三角城市群热岛强度的分布特征表明,热岛效应与当地的经济活动密切相关,热岛强度大的地区均为广东经济活动最活跃的区域,经济的繁荣已在环境方面付出了代价,深圳是一个典型的例子。

4.1.4　热岛效应增温贡献率

分别计算了珠三角城市群所有站的平均增温率,从化、四会、新兴和台山 4 个郊区对照站的平均增温率,按下列公式计算了城市热岛效应对区域增温的贡献率(陈正洪等,2005):

$$城市热岛效应贡献率(\%) = \frac{城市群所有站增温率 - 郊区对照站增温率}{城市群所有站增温率} \times 100\%$$

结果表明,珠三角城市群热岛效应对区域增温的贡献率为 41.8%,比上海(70%)、北京(71%)、武汉(64.5%)、石家庄(44.7%)、重庆、成都、昆明和贵阳(57.6%)要低,但比西北地区大城市(28%)热岛效应对区域增温的贡献率要高(陈正洪等,2005;唐国利等,2008;刘学锋等,2005;初子莹和任国玉,2005;方锋等,2007)。

4.2　珠江三角洲城市化对降水的影响

4.2.1　资料介绍

以往关于城市化对降水影响的研究大多用雨量筒观测的降水量进行,而站点观测的降雨量往往受测站空间分布的制约,并且受测站的变迁或者测站周围环境的变迁以及下垫面地形等诸多因素影响,往往难以把城市化的降水效应加以区分。利用卫星探测资料对城市化的区域气候效应进行研究,有着其独特的优点,因此利用以下几种卫星探测资料对珠江三角洲及其周边的降水特征进行对比分析。

(1)1998—2007 年 TRMM 3B43 月平均降水资料(简称 3B43 资料)。热带降水测量卫星测雨雷达(TRMM)是第一部星载测雨雷达,由美国国家航空航天局和日本宇宙航空研究开发机构共同研制。3B43 月平均降水资料结合了 TRMM 的降水观测、CAMS(Climate Assessment and Monitoring System)的降水数据以及 GPCC(Global Precipitation Climatology Centre)全球雨量筒的观测分析数据,空间分辨率达到了 0.25°×0.25°。

(2)1998—2007 年 TRMM 3B42 降水强度资料(简称 3B42 资料)。3B42 结合了 2B31、2A12、微波成像专用传感器(SSMI)、改进的微波扫描辐射计(AMSR)、高级微波探测器(AMSU)等多种高质量的降水评估算法,估测 3 小时平均降水强度(指该时刻前 90 min 和后 90 min,3 小时内每小时的平均降水强度)。该资料的空间分辨率 0.25°×0.25°。

(3)1998—2007 年 TRMM 3A12 层状和对流降水资料(简称 3A12 资料。3A12 资料是使用 TRMM 2A12 资料来产生全球月平均的 0.5°×0.5°格点的垂直水汽廓线和地表降水资料,除了地表的降水率外,该资料还包含了对流降水和层状降水的资料。

(4)2000—2007 年 QuikSCAT/NCEP 混合风场资料(简称 QuikSCAT 资料)。所谓混合风场是对高分辨率的 QuickSCAT 卫星散射计观测数据和美国环境预报中心风场再分析资料的时—空混合分析的结果。该混合风场给出的是距下垫面 10 m 处风场沿经向和纬向的速度分量,具有很高的时—空分辨率,时间间隔为 6 h,空间分辨率为 0.5°×0.5°,覆盖了全球从 88°S 到 88°N 的区域。

4.2.2 珠江三角洲城市群及其邻近区域降水特征对比分析

重点研究珠江三角洲核心区域(22.5°~23.5°N,113.0°~114.5°E)与其周边地区降水特征的差异,而这些差异特征将在一定程度上反映出珠江三角洲城市群对降水的影响。

相对于同一纬度的邻近区域而言,珠江三角洲城市群所处的区域是一个多雨中心,多雨中心点位置大约位于广州市的东北面(图 4.3)。珠江三角洲城市群位于地形相对平坦的区域,该多雨中心的出现,有理由相信它与城市化的气候效应有关。为了进一步了解多雨中心和风场之间的配置,给出了 2000—2007 年 5—8 月份 QuikSCAT 平均 10 m 风场空间分布(图 4.4)。从风场的情况来看,华南地区降水较为集中的 5—8 月份盛行东南偏南风,因此,图 4.3 的多雨中心大致位于图 4.4 中的珠江三角洲城市群中心区域的下风方向,与国内关于其他城市对降水影响的结果一致(李天杰,1995;吴息等,2000;任春艳等,2006;孙继松等,2007)。Shepherd et al.(2002)利用 TRMM 降水资料对美国 10 个城市对降水的影响结果表明,城市化使降水有不同程度的增加,降水增加中心大约位于大都市(metropolis)中心的下风方向 30~60 km 处。广州市的纬度为 23.2°N,而图 4.4 的降水中心所处的纬度为 23.6°N,这和 Shepherd et al.(2002)的研究结果十分相似。

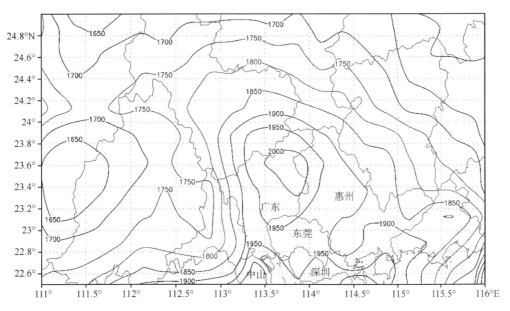

图 4.3 1998—2007 年 3B43 年平均降水的空间分布(单位:mm)

图 4.5a 和图 4.5b 给出了沿 23°N 和 113.25°E 1998—2007 年 3B43 月平均降水时间—经向和时间—纬向剖面图,从图中可以看到,珠江三角洲城市群的降水增幅效应随着季节不同是有很大差别的,在夏半年尤其是前汛期(4—6 月)珠江三角洲城市群所处的区域降水明显多于其周边的区域。为了更清楚地看到城市群及其周围降水的比较,我们还特地给出了前汛期(4—6 月)平均降水的空间分布状况

(图 4.6)。在整个前汛期,珠江三角洲城市群所处的区域及其下风方向为明显的多雨区,在一定程度上表明珠江三角洲城市群对降水的增幅效应可能在前汛期较强。其中的有关机理还有待进一步的探讨。

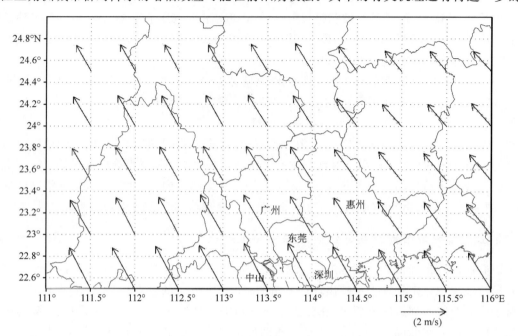

图 4.4 2000—2007 年 5—8 月份 QuikSCAT 平均 10 m 风场空间分布

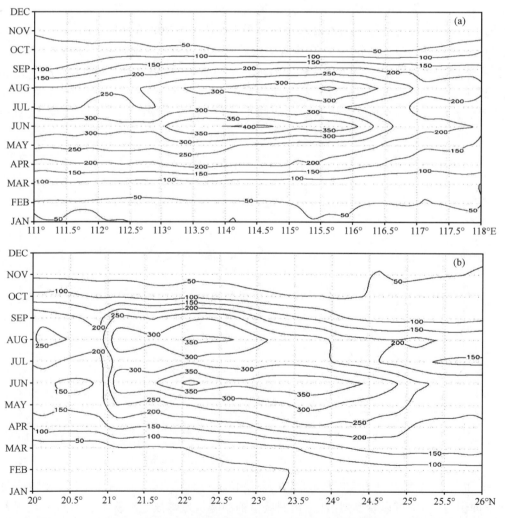

图 4.5 1998—2007 年 3B43 月平均降水沿 23°N 的时间—经向剖面(a)以及沿 113.25°E 的时间—纬向剖面图(b)(单位:mm)

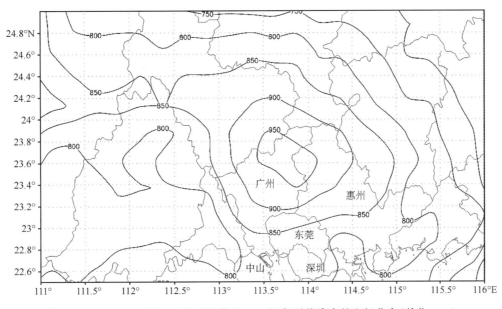

图 4.6 1998—2007 年 3B43 前汛期（4—6 月）年平均降水的空间分布（单位：mm）

为了更进一步了解珠江三角洲地区城市群对降水频次和强度的影响，还利用了 1998—2007 年 3B42 资料对珠江三角洲城市群及其邻近区域各格点上降水时次进行了统计。图 4.7 是 1998—2007 年 3B42 资料年平均降水时次的空间分布，从图中可以看出，珠江三角洲城市群所处的位置降水时次比周围区域少，降水时次小值中心位于佛山地区，平均每年探测到有降水的时次在 180 次以下。这在一定程度上表明了城市化可能会导致与城市群相关联的区域降水时次明显地减少，但是从上述平均降水量的情况来看，城市群所处的区域是一个多雨中心，因此，城市化可能会导致降水强度的增强。图 4.8 给出了 1998—2007 年 3B42 资料平均降水强度沿 23°N 的剖面图，由图可见，有两个降水强度的峰值区位于 113°E 和 113.75°E，分别与佛山市和东莞市相对应，这两个区域恰好是珠江三角洲工业以及经济活动的活跃区。降水强度峰值的出现是否与大气中的凝结核有关，还是与其他的动力或热力因子有关，这有待进一步的探讨。

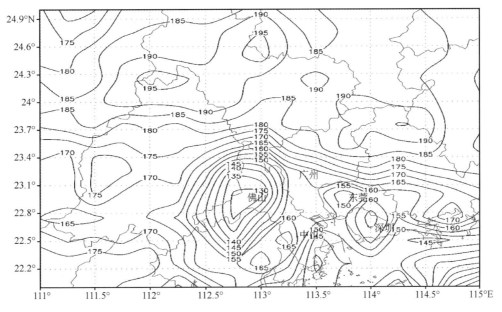

图 4.7 1998—2007 年 3B42 年平均降水时次的空间分布（单位：时次/年）

4.2.3 珠江三角洲城市化对对流性降水和层状降水的影响

城市化是通过热力和动力途径对降水产生影响的，譬如：城市建筑群对地表粗糙度会产生影响，城市化改变了下垫面以及城市上空的热力学特性，城市化使其上空成云致雨的凝结核的状况发生了改变等。这些动力学和热力学特性的改变对哪种类型的降水有较大影响,是对层状降水影响大还是对对流降水影响大,这是值得关注但是又了解甚少的问题。

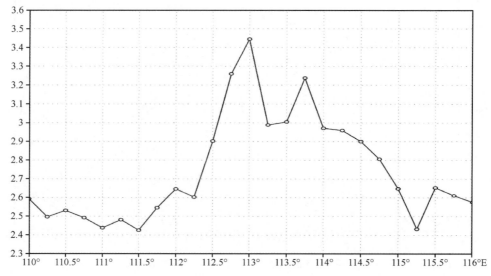

图 4.8 1998—2007 年 3B42 平均降水强度沿 23°N 的剖面图(单位:mm/h)

图 4.9 是 1998—2007 年 3A12 资料年平均对流性降水率空间分布图,为了避免西边山区不规则的降水区域的出现而影响图的美观,我们选取的区域为(22.5°～25°N,112°～116°E)。从图中可以看到,珠江三角洲城市群所处的位置及其夏季所处的下风方向是全年对流性降水率的大值中心,而该区域的地形特征和周围相比较也没有本质的不同,因此在很大程度上表明了城市化会导致该区域对流性降水的增加。

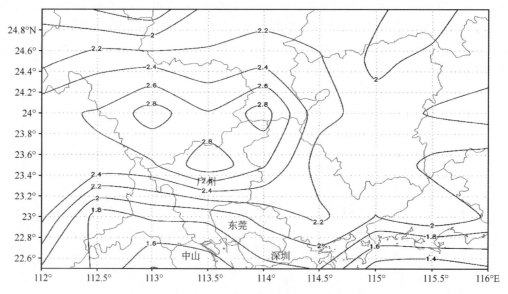

图 4.9 1998—2007 年 3A12 年平均对流性降水率空间分布(单位:mm/d)

为了更进一步了解城市化对对流性降水影响的季节变化特征,给出了 1998—2007 年 3A12 资料逐月平均对流性降水率沿 113.5°E 的时间—纬向剖面图。由图 4.10 可见,5—8 月份珠江三角洲城市群所处的经度有一个对流性降水率的大值中心,说明在 5—8 月份珠江三角洲城市群使得该区域的对流性降水增加尤为显著,最大值出现在 6 月份。图 4.11a 是 1998—2007 年 6 月份 3A12 资料平均对流性降水率空间分布图,考虑到珠江三角洲城市群所处的位置以及 6 月份该地区风场的分布情况(图 4.11b),不难发现对流性降水率增加的区域位于城市群所处的区域并且向其下风方向偏离。

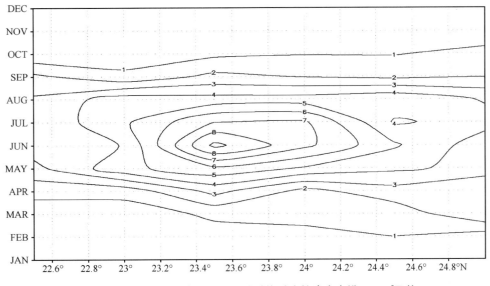

图 4.10 1998—2007 年 3A12 逐月平均对流性降水率沿 113.5°E 的
时间—纬向剖面图(单位:mm/d)

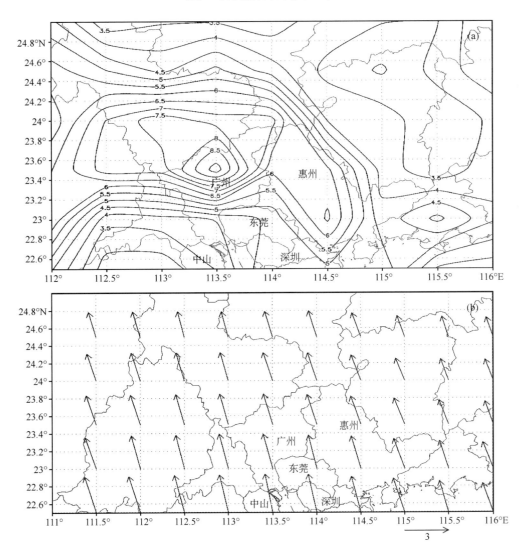

图 4.11 (a)1998—2007 年 6 月份 3A12 平均对流性降水率空间分布(单位:mm/d)以及
(b)2000—2007 年 6 月份 QuikSCAT 平均风场的空间分布(单位:m/s)

图 4.12 给出了 1998—2007 年 3A12 资料年平均层状降水率空间分布图,为了与海洋上层状降水
的情形进行对比,选取的区域为(20°~24°N,117°~18°E)。从图中看到,珠江三角洲城市群及其周围地

区层状降水率分布是十分均匀的,层状降水显著的区域集中在海上,和珠江三角洲城市群的空间分布没有明显的关联。由此可见,珠江三角洲城市群的气候效应并不对层状降水分布造成影响,这与对流性降水的结果是迥然不同的。至于为什么城市化只对对流性降水产生影响而对层状降水无明显的影响,其中的机理还有待进一步进行探讨。从过去对城市化影响降水的一些机理描述(周淑贞,1985)来看,很可能城市热岛效应导致空气层结不稳定以及城市空气中的凝结核增多等因素,是导致城区及下风方向对流性降水增多的重要原因。

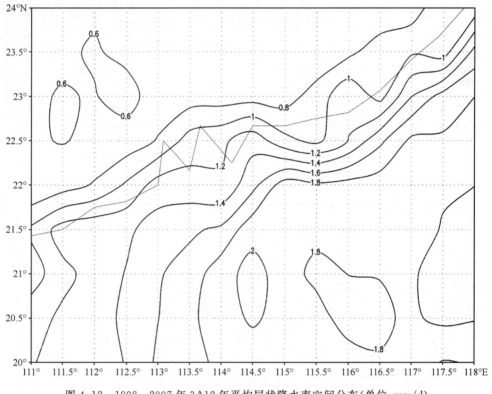

图4.12 1998—2007年3A12年平均层状降水率空间分布(单位:mm/d)

第5章　21世纪气候变化趋势预估

5.1　全球气候变化情景和模式选择

5.1.1　全球气候变化情景介绍

由于问题的复杂性,目前对于未来全球和区域气候变化还不能达到预报或预测的水平,只能通过气候情景来预估未来气候变化趋势。气候情景应用经历了三个主要阶段:增量情景、CO_2 倍增情景和温室气体浓度的渐进递增情景。

增量情景最早应用于进行气候变化的敏感性研究,即人为假设地面气温增加 1℃、2℃、3℃,降水增加或减少 5%、10%、20% 等。这种方法的优点是易于设计和应用,可以描述气候变化影响的响应曲线,确定气候影响的关键因子,但它与温室气体的强迫没有直接的关联,容易产生不切合实际的情景。

CO_2 倍增情景是指结合相应的气候模式,在平衡试验下模拟气候变化由 $1 \times CO_2$ 跃变到 $2 \times CO_2$ 浓度下全球气候状态的差值。该方法存在明显的缺陷,即在气候模式中的 CO_2 浓度变化是不连续的,实际的全球气候系统的各个分量有着不同的热力惯性,永远也达不到气候平衡假设的平衡条件。

渐进递增情景是根据一系列因子假设而得到(包括人口增长、经济发展、技术进步、环境条件、全球化、公平原则等)。对应于未来可能出现的不同社会经济发展状况,通常要制作不同的排放情景。到目前为止,IPCC 先后发展了两套温室气体和气溶胶排放情景,即 IS92(Leggett *et al.*,1992)和 SRES 排放情景(Special Report on Emissions Scenarios,Nakicenovic and Swart,2000)。

SRES 排放情景于 2000 年提出,主要由 A1B、A1T、A1FI、A2、B1、B2 6 个代表性情景组成,其中,A2(温室气体高排放情景)、A1B(温室气体中等排放)、B1(温室气体低排放)3 种情景最具有代表性,在模式预估中使用最多。SRES 情景分布范围如图 5.1 所示。

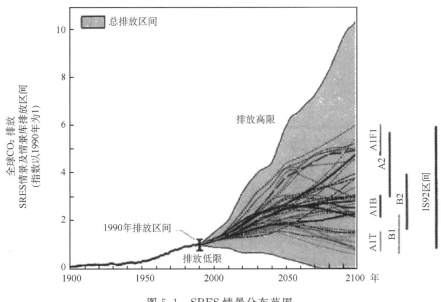

图 5.1　SRES 情景分布范围

根据 IPCC《排放情景特别报告》(Nakicenovic and Swart,2000)改绘

5.1.2 全球气候模式

气候变化预估是科学家、公众和政策制定者共同关心的问题,目前气候模式是进行气候变化预估的最主要工具。IPCC 第四次评估报告共包含 20 多个复杂的全球气候系统模式对过去和未来的全球气候变化进行的模拟(表 5.1)。其中美国 7 个(NCAR_CCSM3,GFDL_CM2_0,GFDL_CM2_1,GISS_AoM,GISS_E_H,GISS_E_R,NACR_PCM1),日本 3 个(MRoC3_2_M,MRoC3_2_H,MRI_CGCM2),英国(UKMo_HADCM3,UKMo_HADGEM)、法国(CNRMCM3,IPSL_CM4)、加拿大(CCCMA_CGCM3_T47 和 CCCMA_CGCM3_T63)、中国(BCC-CM1,IAP_FGoALS1.0)各有 2 个,德国(MPI_ECHAM5)、德国/韩国(MIUB_ECHo_G)、澳大利亚(CSIRo_MK3_0)、挪威(BCCR_CM2_0)、俄罗斯(INMCM3_0)各有 1 个。参加的国家之广、模式之多都是以前几次全球模式比较计划所没有的。IPCC 第四次评估报告的气候模式的主要特征是:大部分模式都包含了大气、海洋、海冰和陆面模式,考虑了气溶胶的影响,其中大气模式的水平分辨率和垂直分辨率普遍提高,对大气模式的动力框架和传输方案进行了改进;海洋模式也有了很大的改进,提高了海洋模式的分辨率,采用了新的参数化方案,包括了淡水通量,改进了河流和三角洲地区的混合方案,这些改进都减少了模式模拟的不确定性;冰雪圈模式的发展使得模式对海冰的模拟水平进一步提高。

表 5.1 气候模式基本特征

模式	国家	大气模式	海洋模式	海冰模式	陆面模式
BCC-CM1	中 国	T63L16 1.875°×1.875°	T63L30 1.875°×1.875°	热力学	L13
BCCR_BCM2_0	挪 威	ARPEGE V3 T63 L31	NERSC-MIC°M V1L35 1.5°×0.5°	NERSC 海冰模式	ISBA ARPEGE V3
CCCMA_3 (CGCMT47)	加拿大	T47L31 3.75°×3.75°	L29 1.85°×1.85°		
CNRMCM3	法 国	Arpege-Climatv3 T42L45(2.8°×2.8°)	°PA8.1 L31	Gelat° 3.10	
CSIRO_MK3_0	澳大利亚	T63L18 1.875°×1.875°	M°M2.2 L31 1.875°×0.925°		
GFDL_CM2_0	美 国	AM2 N45L24 2.5°×2.0°	°M3 L50 1.0°×1.0°	SIS	LM2
GFDL_CM2_1	美 国	AM2.1 M45L24 2.5°×2.0°	°M3.1 L50 1.0°×1.0°	SIS	LM2
GISS_AOM	美 国	L12 4°×3°	L16	L4	L 4—5
GISS_E_H	美 国	L20 5°×4°	L16 2°×2°		
GISS_E_R	美 国	L20 5°×4°	L13 5°×4°		
IAP_FGOALS1.0	中 国	GAMIL T42L30 2.8°×3°	LICoM1.0	NCAR CSIM	
IPSL_CM4	法 国	L19 3.75°×2.5°	L19(1°—2°)×2°		
INMCM3_0	俄罗斯	L20 5°×4°	L33 2°×2.5°		
MIROC3_2_M	日 本	T42 L20 2.8°×2.8°	L44 (0.5°—1.4°)×1.4°		
MIROC3_2_H	日 本	T106 L56 1.125°×1°	L47 0.2812°×0.1875°		

续表

模式	国家	大气模式	海洋模式	海冰模式	陆面模式
MIUB_ECHO_G	德　国	ECHAM4 T30L19	HoPE-G T42 L20	H°PE-G	
MPI_ECHAM5	德　国	ECHAM5 T63 L32(2°×2°)	°M L41 1.0°×1.0°	ECHAM5	
MRI_CGCM2	日　本	T42 l30 2.8°×2.8°	L23 (0.5°—2.5°)×2°		SIB L3
NCAR_CCSM3	美　国	CAM3 T85L26 1.4°×1.4°	P°P1.4.3 L40 (0.3°—1.0°)×1.0°	CSIM5.0 T85	CLM3.0
NCAR_PCM1	美　国	CCM3.6.6 T42L18(2.8°×2.8°)	PoP1.0 L32 (0.5°—0.7°)×0.7°	CICE	LSM1 T42
UKMO ＿ HAD-CM3	英　国	L19 2.5°×3.75°	L20 1.25°×1.25° ·		M°SES1
UKMO ＿ HAD-GEM	英　国	N96L38 1.875°×1.25°	(1°—0.3°)×1.0°		M°SES2

（参见 http://www-pcmdi.llnl.gov/ipcc/model_documentation/ipcc_model_documentation.php）

5.1.3　区域气候模式

受计算条件限制,全球模式的分辨率较粗,如 IPCC AR4 所使用的模式,除个别外一般仍在 200～300 km 或其以上,从而影响它们对区域尺度气候的模拟效果,而区域气候模式则是弥补全球模式这方面不足的有力工具。区域气候模式最早是在 20 世纪 80 年代末,由当时在美国 NCAR 的 Giorgi 等发展而来(Giorgi et al.,1990;1993a;1993b),随后在世界各地得到了广泛应用。现在已由意大利国际理论物理研究中心(ICTP, the Abdus Salam International Center for Theoretic Physics)将其发展到 RegCM3(Pal et al.,2007),这是一个在世界各地包括中国在内都广泛使用的模式。

中国具有复杂的地形和下垫面特征,又地处东亚季风区,使得全球模式在这里的模拟经常出现较大偏差,其中最突出的是在我国中西部产生虚假降水中心,这个偏差在现在最新的全球模式中也存在。此外它们对于气温的时间演变也缺乏模拟能力(Zhou and Yu,2006)。

近年来,国内使用区域模式进行年代际气候变化模拟的工作开始出现,在高分辨率气候变化模拟方面也做了大量研究(高学杰等,2003a;2003b;石英和高学杰,2008;Gao et al.,2008)。最近国家气候中心研究人员使用高分辨率全球气候模式 MIROC3 的模拟结果驱动区域气候模式 RegCM3,完成了中国地区 1951—2100 年 150 年的气候变化积分试验,预估分析了 SRES A1B 情景下中国地区未来可能的气候变化。

5.2　资料来源

温度观测资料为 1961—2000 年中国地区空间分辨率为 0.5°×0.5°的日平均格点数据(Xu et al.,2009),降水观测资料为美国 Xie et al.(2007)发展的 1961—2000 年东亚地区空间分辨率为 0.5°×0.5°的日平均降水数据。全球气候模式数据为《中国地区气候变化预估数据集》Version2.0 中 SRES A1B、SRES A2、SRES B1 情景下多模式加权平均数据,区域气候模式数据为 RegCM3 单向嵌套日本 CCSR/NIES/FRCGC 的 MIRoC3.2_hires 全球模式 SRES A1B 情景下中国地区气候变化预估数据。

由于各数据分辨率不同,为便于相互比较,将所有数据统一插值为 0.25°×0.25°;温度、降水距平以 1971—2000 年 30 年平均值作为相对气候平均值;区域平均值为区域内所有格点的算术平均值。

5.3 全球气候模式对华南区域温度、降水变化的模拟和预估

5.3.1 全球气候模式对华南地区 1961—2000 年温度、降水变化的模拟

图 5.2 给出了观测和模拟的华南地区 1961—2000 年 40 年平均温度、降水的地理分布。从中可以看出:全球气候模式能够较好地模拟出华南地区年平均温度的纬向分布特征(图 5.2a、图 5.2b);而从模拟值与观测值之间的差值(图 5.2c)可以看出,广西大部分地区、广东珠江三角洲地区和雷州半岛地区年平均温度模拟值偏低 0.5℃左右,而在广西北部、广东东北部地区和海南模拟值偏高。

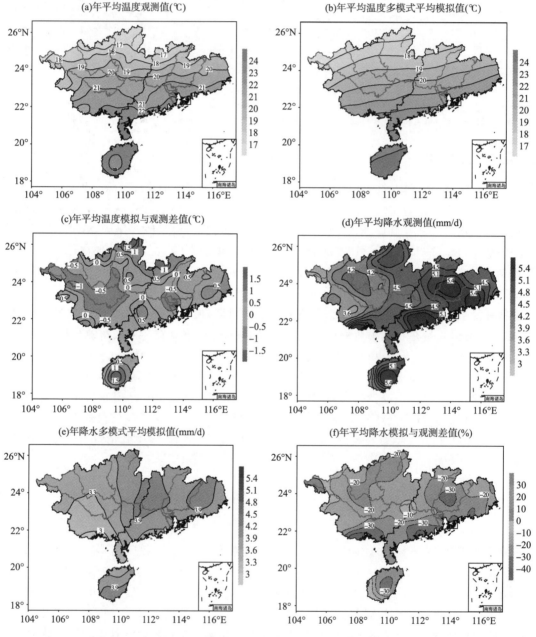

图 5.2 观测和全球气候模式模拟的华南地区 1961—2000 年温度、降水地理分布以及偏差

对于 40 年平均降水,观测(图 5.2 d)表明广东和海南等沿海地区年平均降水量较大,而广西西部地区略小;模拟值(图 5.2e)一定程度上能够表现出华南地区降水的空间分布特征,年平均降水模拟值在广东和海南地区偏大;但与观测值相比(图 5.2f),年平均降水模拟值在整个华南地区都是偏少,尤其是在沿海地区,在广东、广西沿海地区降水模拟值偏少 20%左右。

对于区域平均的华南地区温度降水年际变化,图 5.3 给出了 1961—2000 年观测值和模拟值的距平曲线以及之间的时间相关关系。观测表明,华南地区平均温度(图 5.3a)在 20 世纪 80 年代中期以前没有明显的增加或减少趋势,80 年代中期以后区域平均温度开始持续增加,表现为变暖趋势,1961—2000 年温度变化的线性趋势为 0.15℃/10 a;全球气候模式模拟值在 60 年代中期以后即表现为持续的增加趋势,40 年的线性趋势为 0.10℃/10 a(图 5.3a);对于温度距平曲线,观测值和模拟值之间的时间相关系数可达到 0.464(图 5.3b)。而对于华南地区降水的年际变化,观测值表明降水在 60、70 年代为增加趋势,80 年代为减少趋势,90 年代又开始增加,同时年际间变率较大,40 年内降水的线性趋势为 0.2%/10 a;全球气候模式整体上能够表现出降水在 70 年代以前为增加趋势、80 年代为减少趋势而 90 年代又开始增加的趋势,但是模拟的 90 年代平均降水量偏少,40 年内降水线性趋势为 -0.1%/10 a,此外年际间变率明显小于观测值(图 5.3c);对于降水距平曲线,观测值和模拟值之间的相关性较低,时间相关系数仅为 0.005(图 5.3 d)。

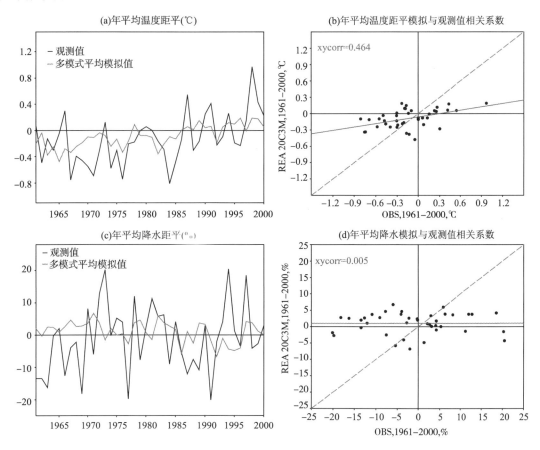

图 5.3 观测和全球气候模式模拟的华南地区 1961—2000 年温度、降水年际变化曲线
(相对于 1971—2000 年)

对于 1961—2000 年温度降水线性趋势的地理分布,温度观测值(图 5.4a)表明海南地区以及珠江三角洲地区 40 年来变暖趋势大于其他地区,珠江三角洲以及广东沿海地区温度线性趋势都在 0.15℃/10 a 以上,大于整个华南地区的变暖趋势(0.15℃/10 a),海南变暖趋势最大,在 0.21℃/10 a 以上;而模拟值(图 5.4b)在雷州半岛地区线性趋势较大,在 0.12℃/10 a 以上,其他地区一般都在 0.09~0.12℃/10 a 之间;但是从观测值与模拟值之间的时间相关系数来看(图 5.4c),广东、海南以及广西南部沿海地区相关系数都在 0.312 以上(超过 95% 的置信度),广西大部分地区时间相关系数在 0.207 以上(超过 80% 的置信度),而广西西部临近云贵高原的附近山区时间相关系数较小。

观测的降水(图 5.4d)在广东和海南地区都为增加趋势,珠江三角洲、广东东部以及海南中南部地区降水的增加趋势较大,可达到 2.4%/10 a 以上,但是在梧州、南宁附近地区以及广西西部山区降水为减少趋势;模拟值(图 5.4e)在整个华南地区都表现为减少趋势,海南西部、广东西南部茂名湛江地区减少趋势较大,在 -1.6%/10 a 以上;对于观测值和模拟值之间的时间相关系数(图 5.4f),除广东东部梅州汕头、广西河池以及海南东部等地为显著的正相关外,其他地区多为负相关。

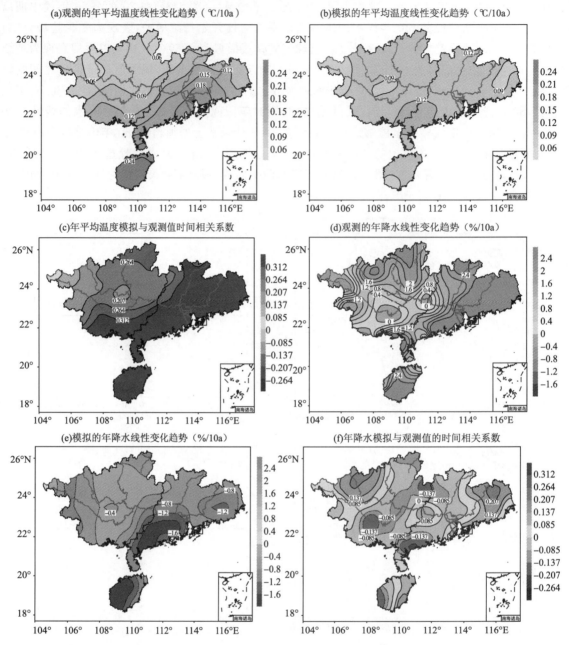

图 5.4　观测和全球气候模式模拟的华南地区 1961—2000 温度降水线性趋势以及时间
相关系数的地理分布图

5.3.2　预估的华南区域 2011—2100 年温度、降水变化

图 5.5 给出不同温室气体排放情景下华南地区年平均温度和降水的变化,表 5.2 给出了 10 年平均的华南地区温度、降水变化值。结果表明,不同 SRES 情景下华南地区温度将持续上升,SRES B1 情景下增温幅度较小。2030 年以前不同排放情景下增温幅度差异不大,华南地区增温幅度在 0.8℃左右;2030—2080 年 SRES A1B、SRES A2 情景下增温幅度没有较大差异,到 2071—2080 年温度增加 2.4℃,而 SRES B1 情景下增温幅度为 1.7℃;2080 年以后,SRES A2 情景下增温幅度最大,2091—2100 年三种情景下温度分别增加 2.8℃、3.4℃ 和 1.9℃。对于 2011—2100 年华南地区温度变化的线性趋势,SRES A1B、SERS A2 情景下分别为 0.31℃/10 a 和 0.37℃/10 a,SRES B1 情景下为 0.18℃/10 a(图 5.5a)。

不同 SRES 情景下,整个华南地区 21 世纪降水整体上表现为增加趋势(图 5.5b),但是 2050 年以前降水增加趋势不明显,SRES A2 情景下年平均降水甚至到 2070 以前都没有明显的增加或减少趋势;

2050年以后,整个华南地区降水将持续增加,到21世纪末降水将增加6%~7%。从表5.2给出的每十年平均的华南温度降水的变化也可以看出,SRES A2情景下,2070年以前整个华南地区多年平均降水变化不明显。2011—2100年华南地区降水变化的线性趋势在SRES A1B、SRES B1情景下降水变化线性趋势为0.7%/10 a左右,SRES A2情景下降水线性趋势较小,仅为0.11%/10 a。

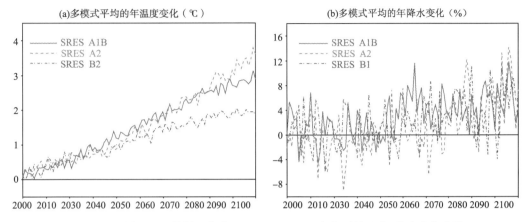

图5.5　不同SRES情景下华南地区2011—2100年年平均温度、降水变化曲线

表5.2　不同SRES情景下全球气候模式预估的21世纪华南区域温度、降水年平均变化(℃/%)

情景年代	SRES A1B	SRES A2	SRES B1
2011—2020	0.4/0	0.5/−2	0.5/1
2021—2030	0.7/0	0.6/−2	0.7/0
2031—2040	1.1/0	0.8/−1	0.8/1
2041—2050	1.4/3	1.3/1	1.1/0
2051—2060	1.8/6	1.6/1	1.3/2
2061—2070	2.0/4	2.1/−0	1.5/3
2071—2080	2.4/4	2.4/5	1.7/6
2081—2090	2.7/5	3.0/4	1.9/3
2091—2100	2.8/6	3.4/7	1.9/6
温度(℃/10a)	0.31	0.37	0.18
降水(%/10a)	0.76	0.11	0.69

　　对于温度变化的地理分布特征,不同情景下华南地区所有地区温度都将增加,增温幅度表现出一定的纬向分布特征,增温幅度由南往北逐渐增大,华南地区北部桂林、柳州周围地区增温幅度最大,雷州半岛、海南地区增温幅度较小(图5.6);而对于降水,不同情景下、不同时期内存在较大差异,2031—2050年SRES A1B情景下华南地区降水都为增加并且各区域差别不大(图5.7a),SRES A2情景下华南大部分地区降水为减少(图5.7b),SRES B1情景下除雷州半岛地区降水减少外其他地区降水表现为增加(图5.7c);2051—2070年,SRES A1B情景下华南地区降水都为增加,广东沿海地区和广西中部地区增加幅度较大(图5.8a),SRES A2情景下广西中南部以及广东西南部雷州半岛地区降水为减少,其他地区为增加(图5.8b),SRES B1情景下以广东地区以及广西梧州附近地区降水增加比较明显(图5.8c);2071—2090年,三个情景下华南地区降水都表现为增加,但是增加幅度较大的区域不同情景下存在差异(图5.9)。总结来说,SRES A1B情景下全球气候模式模拟认为华南西部(广西地区)降水增加幅度较大,而SRES B1情景下则认为华南东部(广东地区)降水增加幅度较大,而SRES A2情景下降水变化区域性差异较大,一定时期内部分地区降水会减少,其他地区降水增加。

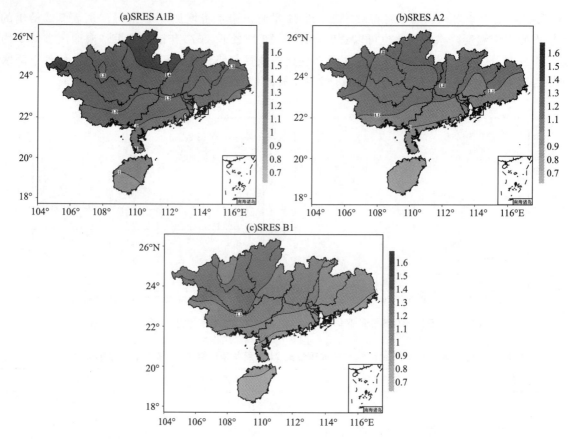

图 5.6　不同情景下华南地区 2031—2050 年年平均温度变化(相对于 1971—2000 年)(单位:℃/a)

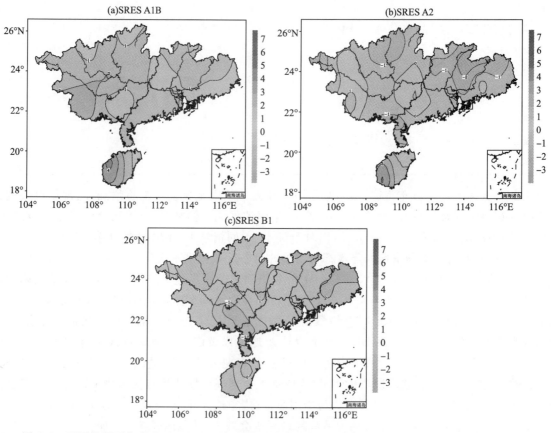

图 5.7　不同情景下华南地区 2031—2050 年年平均降水变化(相对于 1971—2000 年)(单位:mm/a)

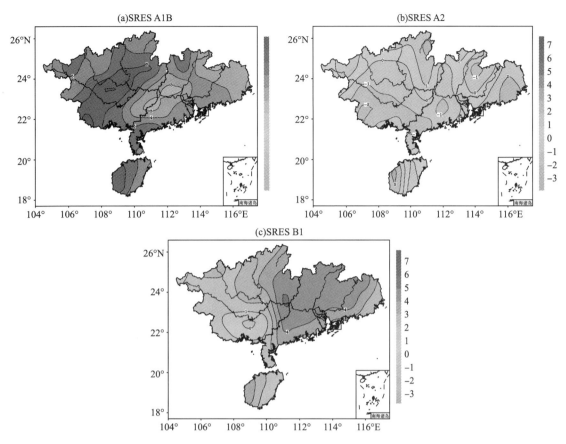

图 5.8 不同情景下华南地区 2051—2070 年年平均降水变化（相对于 1971—2000 年）

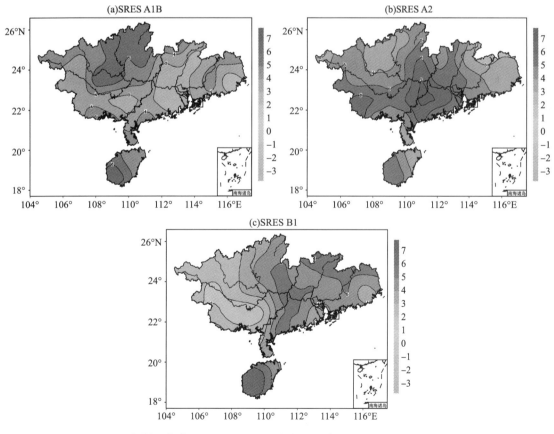

图 5.9 不同情景下华南地区 2071—2090 年年平均降水变化（相对于 1971—2000 年）

5.4 区域气候模式对华南地区温度、降水变化的模拟和预估

5.4.1 区域气候模式对华南地区1961—2000年温度、降水变化的模拟

区域气候模式也能够较好地模拟出平均温度的纬向分布特征(图5.10a、图5.10b),但是模拟值在所有地区都偏低,并且这种偏低程度表现出随纬度变化的特点,23°N以南地区偏低程度最大,可达到−1.5℃,在广西北部桂林柳州周围地区温度模拟值偏低不超过−0.1℃(图5.10c)。

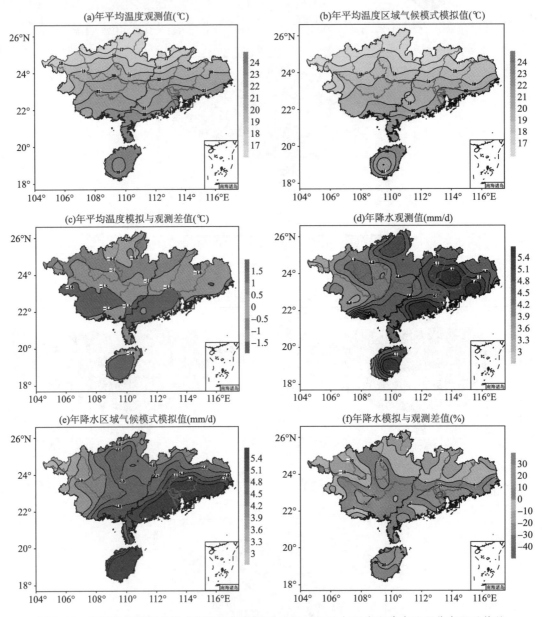

图5.10 观测和区域气候模式模拟的华南地区1961—2000年温度和降水地理分布以及偏差

对于40年平均降水,相比于全球气候模式,区域气候模式能够更好地模拟出华南地区降水的空间分布特征(图5.10d,e),能够很好地模拟再现广东沿海地区和海南地区的强降水区域,也能够较好地再现广西地区降水的空间分布特征;与观测值相比(图5.10f),年平均降水模拟值在广东北部、广西北部和西北部偏少,而在广西中南部、珠江三角洲地区和海南地区降水模拟偏多。

对于区域平均的华南地区温度、降水年际变化,图5.11给出了1961—2000年观测值和区域气候模式模拟值的距平曲线以及之间的时间相关关系。区域气候模式对1975年以前华南地区温度变化的模拟效果较好,而对80年代以后华南地区的变暖趋势区域气候模式并不能很好地模拟再现

（图 5.11a）；对于温度距平曲线，观测值和模拟值之间的时间相关系数仅为 0.156（图 5.11b）。而对于华南地区 1961—2000 年降水的年际变化，区域气候模式能够很好地模拟出年平均降水的变化趋势，并且两者的时间相关系数可达到 0.210（图 5.11c,d）。

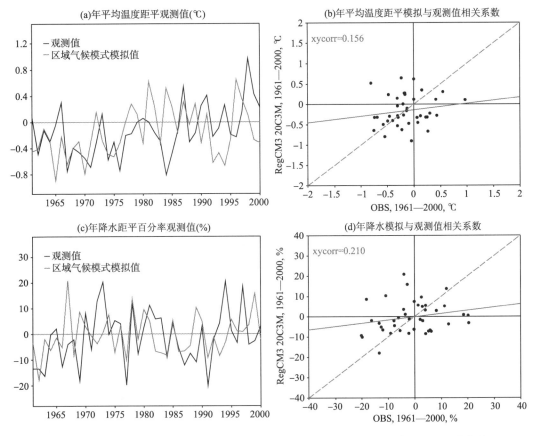

图 5.11　观测和区域气候模式模拟的华南地区 1961—2000 年温度、降水年际变化曲线
（相对于 1971—2000 年）

5.4.2　预估的华南地区 2011—2100 年温度、降水变化

图 5.12 给出 SRES A1B 情景下华南地区年平均温度和降水的变化，表 5.3 给出了 10 年平均的华南地区温度降水变化值。结果表明，SRES A1B 情景下，21 世纪华南区域温度将持续上升，大于全球气候模式预估值，2011—2100 年温度线性趋势为 0.45℃/10 a；2041—2050 年华南地区温度将升高 2.1℃，2091—2100 年温度升高 4.3℃该值远大于多个全球模式的平均值（2.8℃），表明尽管不同模式对未来温度预估的变暖趋势一致，但在量值上存在一定差异。

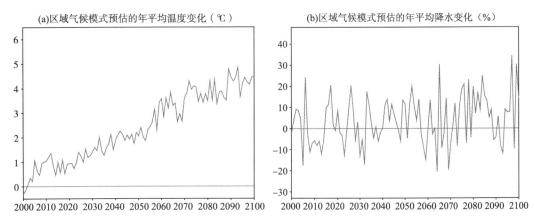

图 5.12　区域气候模式 SRES A1B 情景下华南地区 2011—2100 年年平均温度和降水变化曲线

SRES A1B 情景下，整个华南地区 21 世纪降水整体上表现为增加趋势，降水变化的年际变化振荡

明显,并且变化幅度也是大于全球气候模式预估结果。2040年以前降水变化没有表现出明显的增加或减少趋势,正负距平交替出现,2040年以后降水变化多为正距平,但是2060—2070年预估的降水多为负距平,2070—2080年降水增加趋势较显著。2011—2100年降水变化的线性趋势为1.01%/10 a。从表5.3给出的每十年平均的华南温度降水的变化也可以看出,SRES A1B情景下,2011—2020、2021—2030、2061—2070年整个华南地区多年平均降水变化不明显,其他时期内降水表现为增加,2071年以后平均增加9%左右。

表5.3   SRES A1B情景下区域气候模式预估的21世纪华南地区温度降水年平均变化

年份	温度(℃)	降水(%)
2011—2020	0.9	2
2021—2030	1.2	0
2031—2040	1.7	—0
2041—2050	2.1	7
2051—2060	2.6	3
2061—2070	3.2	—0
2071—2080	3.8	9
2081—2090	4.0	9
2091—2100	4.3	8
线性趋势	0.45℃/10 a	1.01%/10 a

图5.13—图5.15分别给出了不同时期内温度降水变化的地理分布图。对于温度变化地理分布特征,SRES A1B情景下华南地区所有地区温度都将增加,相比较而言华南地区北部山区增温幅度较大,各个时期内广西西部百色、梧州周围地区以及广东东部河源附近地区增温幅度大于其他地区。对于降水,不同时期内华南地区北部增加明显,而雷州半岛以及广西西部山区降水表现为减少。2031—2050年雷州半岛地区降水减少2%左右,广东其他地区降水将增加,清远附近地区增加8%左右,广西大部

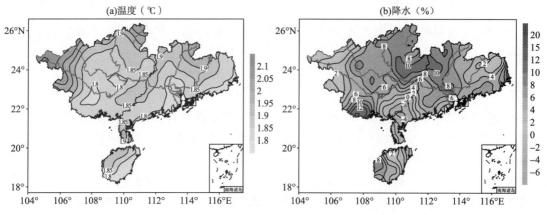

图5.13   区域气候模式 SRES A1B 情景下 2031—2050 年年平均温度降水变化(相对于 1971—2000 年)

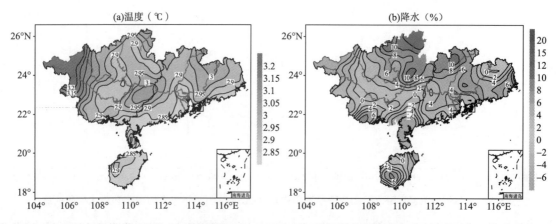

图5.14   区域气候模式 SRES A1B 情景下 2051—2070 年年平均温度和降水变化(相对于 1971—2000 年)

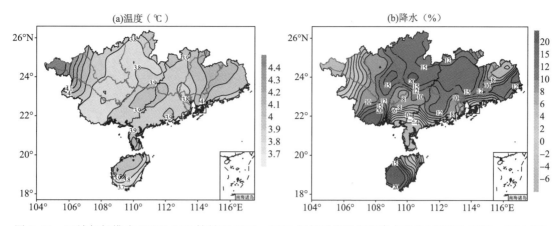

图 5.15　区域气候模式 SRES A1B 情景下 2071—2090 年年平均温度和降水变化(相对于 1971—2000 年)

分地区降水也将增加,北部地区增加明显,桂林周围地区也将增加 8% 以上。2051—2070 年,雷州半岛和广西西部山区降水减少 4% 以上,其他地区降水增加,增加最明显的地区位于广西桂林和广东韶关附近地区,增加 8% 以上。2071—2090 年降水增加的地区其增加幅度进一步加大,降水增加量基本在 10% 以上,桂林、梧州、清远等地区降水增加 15% 以上,此外海南大部分降水也将明显增加。

第6章　21世纪极端气候事件变化的分析

6.1　模式、资料及极端气候事件的确定

6.1.1　模式

报告中使用的模式是英国气象局 Hadley 气候预测与研究中心发展 PRECIS(Providing Regional Climates for Impacts Studies)模式系统。许吟隆等已经验证了 PRECIS 对中国区域气候以及极端气候的模拟能力,并分析了未来中国区域对气候变化的响应(许吟隆和 Richard Jones,2004;许吟隆等,2005;许吟隆等,2006)。许吟隆等(2007)、黄晓莹等(2008)也已对 PRECIS 在华南地区区域气候的模拟能力进行了验证,对华南地区未来地面温度和降水变化情况进行了分析。

6.1.2　资料

(1)华南地区 72 个站点从建站到 2000 年的实测降水量(p_{mean})、最高温度(t_{max})、最低温度(t_{min})日值资料

(2)利用由欧洲中心 1979—1993 年 15 年资料作为侧边界驱动的 PRECIS 得到的 15 年 $p_{mean}/t_{mean}/t_{max}/t_{min}$ 日值资料(模式在华南地区的格点分布图见图 6.1)

(3)NCEP/NCAR 1979—1993 年的 500 hPa 高度场和 850 hPa 水平风场的再分析据。

(4)区域气候模式系统 PRECIS 在 SRES A2 和 B2 情景下模拟的全国的 1961—1990 年 30 年以及未来 2071—2100 年 30 年的 $p_{mean}/t_{mean}/t_{max}/t_{min}$ 日值资料。选择 2071—2100 年时段进行气候变化响应的分析是因为随着大气中温室气体浓度的不断升高,2071—2100 年相对于气候基准时段的气候变化响应比前面的时段更明显;而且气候对大气中的 CO_2 浓度增加的响应具有滞后性,要到 21 世纪中期之后才能反映出不同排放情景下全球的气候变化的差异。

6.1.3　极端气候事件的确定

将 1961—1990 年每年的逐日最高(低)温度资料按升序排列,将最高温度的第 95(5)个百分位值作为该年的最高温度的极端高(低)值,将最低温度的第 95(5)个百分位值作为该年的最低温度的极端高(低)值。这样得到每个格点每年都有四个极端温度值,对每个极端温度值计算 30 年算术平均,作为这个格点的极端温度事件阈值。

当 2071—2100 年某一天的最高(低)温度超过了最高(低)温度极端高值阈值时则认为该日出现了最高(低)温度极端高温事件;同理,未来某一天的最高(低)温度低于最高(低)温度极端低值阈值时则认为该日出现了最高(低)温度极端低温事件。为了方便描述,以下将把最高温度的极端高(低)温事件称为白天极端高(低)温事件,也简称为暖(冷)日事件;最低温度的极端高(低)温事件称为夜间极端高(低)温事件,简称为暖(冷)夜事件。

将每年的逐日降水量序列按升序排列,将第 95 个百分位值定义为极端降水值,而把 1961—1990 年逐年日降水量序列的第 95 个百分位值的 30 年平均值定义为极端降水事件的阈值。

根据以上定义,利用 2071—2100 年某天日降水量超过极端降水阈值则认为发生了极端降水事件,基于对未来每个格点建立以下两个极端降水指数的逐年时间序列:

(1)极端降水事件频数,即每年日降水量超过极端降水阈值的日数;

(2)极端降水量,即每年极端降水事件的降水量之和。

6.2　模式对极端气候事件的模拟能力

6.2.1　模式对极端温度的模拟能力

　　在空间分布上,模拟值和观测值在海南、广东的东部以及沿海地区、福建的分布形势较为一致,只是在福建模拟值偏低,广东的模拟值要偏高,在广西模拟效果较差,模拟值在广西的南部出现了一个高值中心,而观测值是不存在的(图 6.1a、b)。再从图 6.1c 的时间序列的对比来看,两者的趋势基本上是一致的,但模拟值的年际变化较大,模拟值与观测值的偏差不大,观测值与模拟值的差距可能是由于在华南地区内观测站点数与模拟格点数不一样所造成。

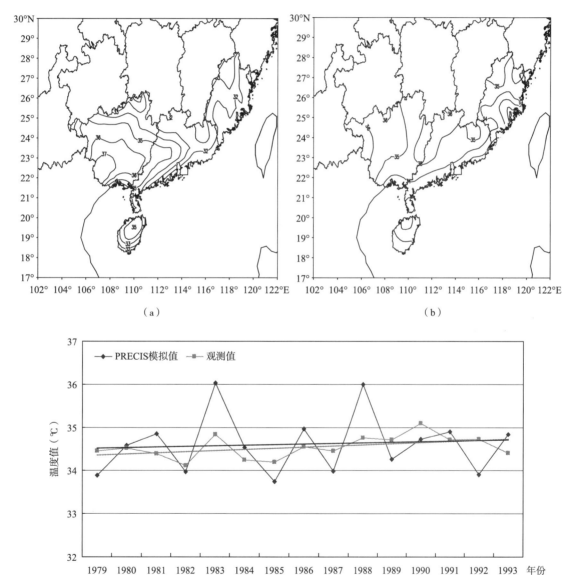

（a）　　　　　　　　　　　　　　　　（b）

（c）

图 6.1　1979—1993 年华南地区 15 年实测值与模拟值之间最高温度极端高值的比较图

（a）模式模拟的 15 年平均的空间分布图（单位：℃）

（b）观测 15 年平均的空间分布图（单位：℃）

（c）华南地区平均的 15 年时间序列模拟值与观测值对比图（单位：℃）

　　模拟和观测值都是呈现出由北向南递增的形势,模拟值稍偏大。相对于极端高温的最高值模拟值,极端高温的最低值的效果较好(图 6.2a、b)。从时间变化对比来看,两者都是上升的趋势,而且趋势很接近,1984 年和 1989 年模拟的偏差较大,其他年份很接近(图 6.2c)。

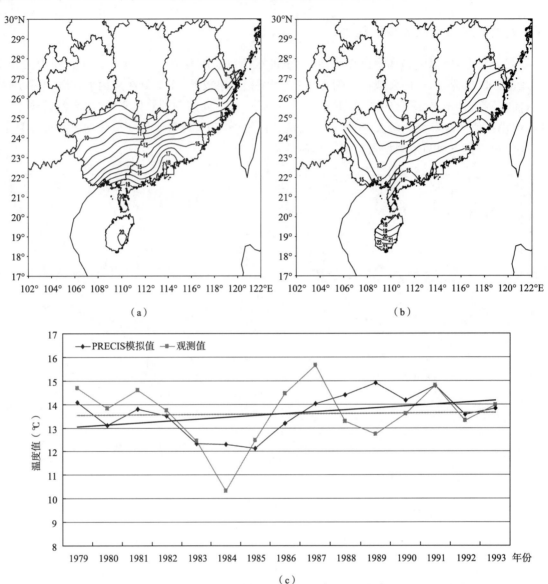

(a)　　　　　　　　　　　　　　　　　　　(b)

(c)

图 6.2　1979—1993 年华南地区 15 年实测值与模拟值之间最高温度极端低值的比较图
(a)模式模拟的 15 年平均的空间分布图(单位:℃)
(b)观测 15 年平均的空间分布图(单位:℃)
(c)华南地区平均的 15 年时间序列模拟值与观测值对比图(单位:℃)

　　图 6.3 是最低温度的极端高值的对比。极端高值模拟的分布与实测基本上是一致的,在广西有一个温度脊线,海南中部存在高温中心,福建中部有一低温中心,广东是由北向南增加的分布,只是模拟值稍低。从时间的序列也能看出来模拟值偏低,但是两者的大小非常接近,大部分时间差距都是在 0.5℃左右。而从图 6.4 最低温度的极端低值的对比也能看到,两者从空间的都是由北到南递增分布,时间上是增加趋势,且大小也比较接近,所以模拟也能较好地模拟最低温度的极端低值。

　　从上面分析可以知道,从空间和时间上来看,模式对于四个极端温度值都是有较好的模拟能力,而且最低温度的模拟要比最高温度要好。

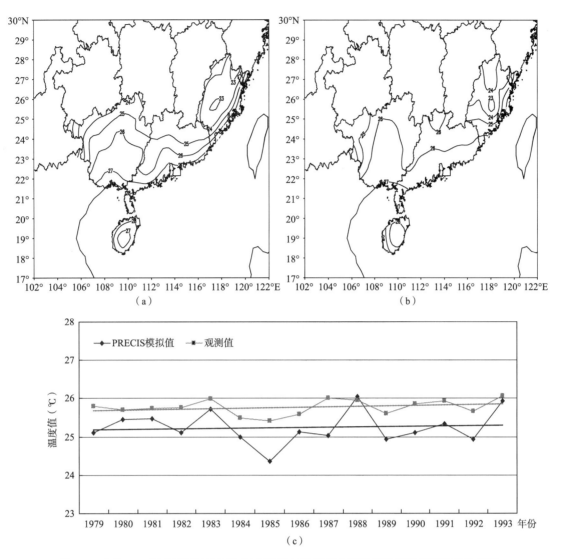

图 6.3 1979—1993 年华南地区 15 年实测值与模拟值之间最低温度极端高值的比较图

（a）模式模拟的 15 年平均的空间分布图（单位:℃）

（b）观测 15 年平均的空间分布图（单位:℃）

（c）华南地区平均的 15 年时间序列模拟值与观测值对比图（单位:℃）

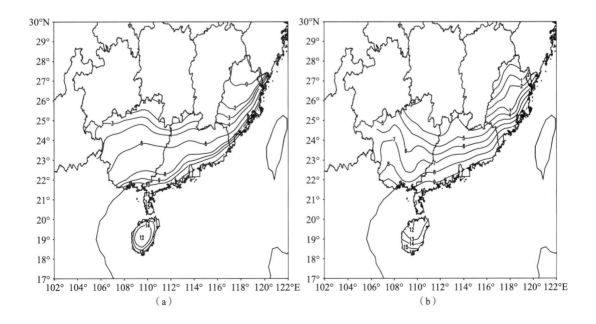

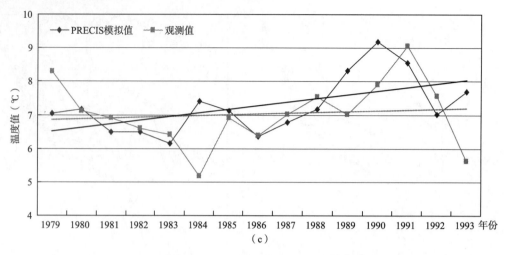

（c）

图6.4　1979—1993年华南地区15年实测值与模拟值之间最低温度极端低值的比较图
（a）模式模拟的15年平均的空间分布图（单位：℃）
（b）观测15年平均的空间分布图（单位：℃）
（c）华南地区平均的15年时间序列模拟值与观测值对比图（单位：℃）

6.2.2　模式对极端降水的模拟能力

图6.5、图6.6、图6.7、图6.8分别是华南地区年降水天数、年降水强度、极端降水、各量级降水量的PRECIS模拟值与站点观测值的比较图，其中(a)为模式值15年平均的空间分布图、(b)为观测值15年平均的空间分布图，(c)为华南地区平均的15年时间序列对比图。年降水天数定义为逐年日降水量超过1 mm的日数。年降水强度定义为每年总降水量与年降水天数之比。将每年的逐日降水量序列按升序排列，本文将第95个百分位值定义为该年的极端降水值。日降水量1～10 mm为小雨，日降水量10～25 mm为中雨，日降水量25～50 mm为大雨，日降水量50～100 mm为暴雨，日降水量≥100 mm为大暴雨，观测值和模拟值在华南地区的年降水天数在100～140 d/a之间，广东和海南的模拟较好，在福建模拟的年降水天数偏少，而在广西北部模拟的年降水天数则偏多（图6.5a、b）。而从时间序列的变化对比可以看出，1979—1993年的两者在这15年的大部分时间里面的差距都在10天左右，模式对整个地区的平均状况模拟的效果较好（图6.5c）。

对于年降水强度而言，模式在广东模拟效果比较好，在广西模拟虽然形势不一样，但是数值大小在广西的大部分地方都很接近，年降水强度海南的模拟效果较差，这与模式对海南的降水量尤其是强降水量的模拟效果差有关（图6.6a、b）可以看出。时间序列可以看出，在1979—1993年这15年之中的后几年模拟效果较前面几年好，两者的总体趋势都是一致上升的（图6.6c）。

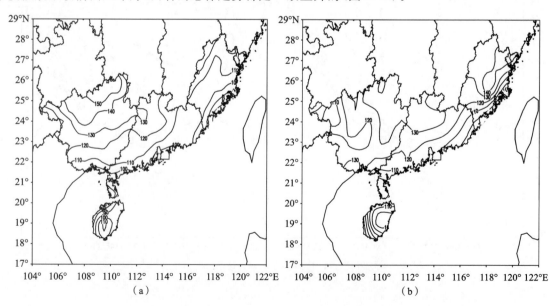

（a）　　　　　　　　　　　　　　（b）

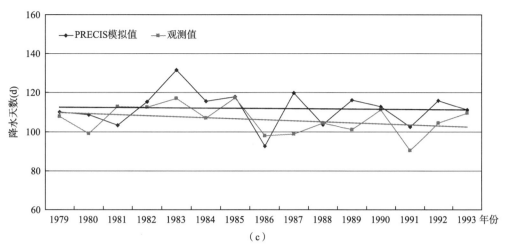

图 6.5　1979—1993 年华南地区 15 年实测值与模拟值之间年降水天数的比较图

(a)模式 15 年平均的空间分布图(单位:d)

(b)观测 15 年平均的空间分布图(单位:d)

(c)华南地区平均的 15 年时间序列模拟值与观测值对比图

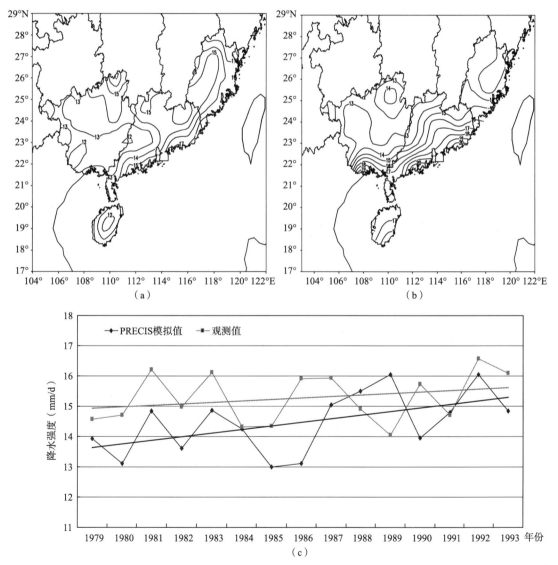

图 6.6　1979—1993 年华南地区 15 年实测值与模拟值之间年降水强度的比较图

(a)模式 15 年平均的空间分布图(单位:mm/d)

(b)观测 15 年平均的空间分布图(单位:mm/d)

(c)华南地区平均的 15 年时间序列模拟值与观测值对比图

对于极端降水而言,观测值和模拟值15年平均的极端降水值的分布形势比较接近,数值分布基本上都在45～75 mm之间,但福建和海南模拟值比观测值小,从整个地区来看模拟效果较好(6.7a、b)。再从时间变化分析,和年降水强度一样,后几年的模拟效果比前几年好,趋势也是一致上升,但模拟的上升趋势大(图6.7c)。

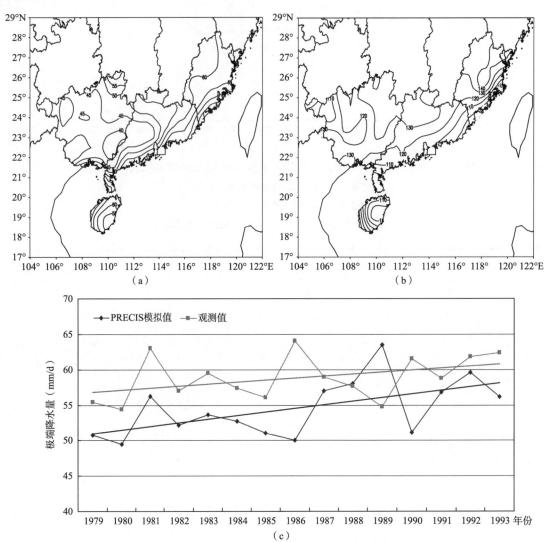

图6.7　1979—1993年华南地区15年实测值与模拟值之间极端降水值的比较图
(a)模式15年平均的空间分布图(单位:mm)
(b)观测15年平均的空间分布图(单位:mm)
(c)华南地区平均的15年时间序列模拟值与观测值对比图

对于不同量级的降水量而言,模式对于小雨、中雨有较好的模拟效果,小雨的降水量在广东、广西这2个省(区)的大部分地区都是呈现由西北向东南递增的形势,而在海南省的中部都有一个正值中心,但是模拟值偏大;中雨两者形势分布也是相似的,都是由北向南减少,只是模拟量在海南偏少。而大雨的模拟则能反映了广东的中北部有一个中心以及福建和广西两地由南向北增加的形势,但在广西模拟值偏少,而在海南省的模拟值也是偏少。50～100 mm的暴雨在华南大部分地区的模拟量和观测值差别不大,但是在海南省模拟值要比实际观测值小;大暴雨的情况则是在整个华南地区的模拟偏少,由于50 mm以上的降水只要降水次数有一次的差别,降水量就会有较大的区别,所以在模式模拟值会在暴雨和大暴雨上有较大的区别(图6.8)。

基于目前大部分模式对于降水的模拟能力都比较有限,本文对降水量进行等级分类的情况下,还可以看出模拟和观测符合得还是比较好的,说明PRECIS能够模拟各个量级的降水情况。

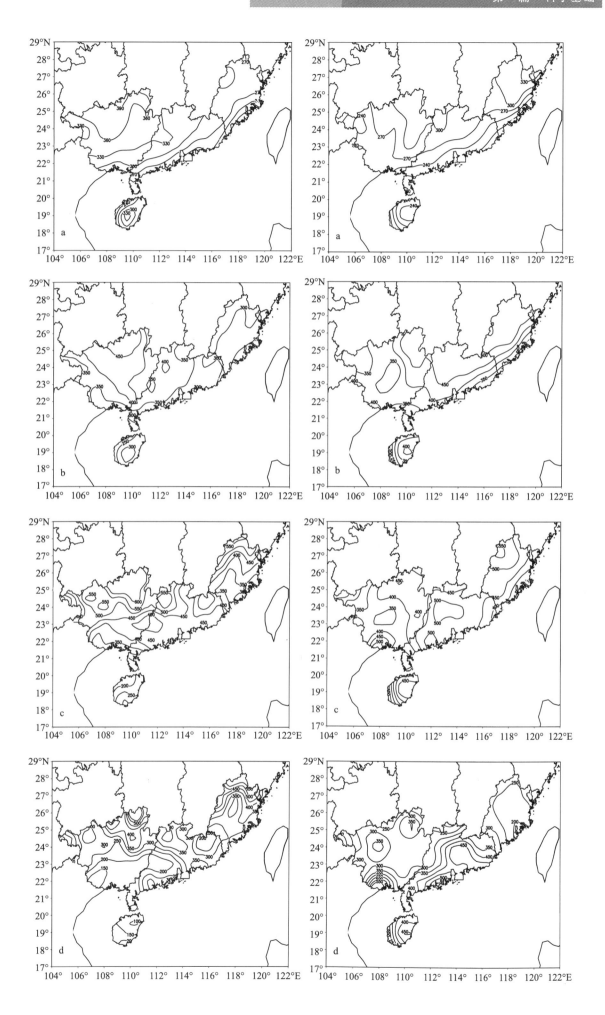

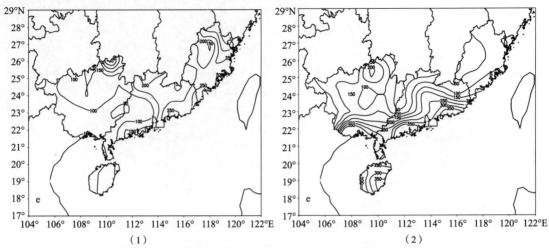

图 6.8　1979—1993 年华南地区 15 年实测值与模拟值之间各量级年平均降水量的比较图
((1)为模式值;(2)观测值,a:小雨 b:中雨 c:大雨 d:暴雨 e:大暴雨单位:mm/a)

6.3　未来极端气候事件变化分析

6.3.1　未来极端气温事件变化的分析

(1)白天极端高温(暖日)事件和夜间极端高温(暖夜)事件变化分析

在未来地面气温不断增加的背景下,华南地区在 2071—2100 年的白天极端高温(暖日)和夜间极端高温(暖夜)的天数相对 1961—1990 年的变化日数有较大幅度的增加。A2 情景下未来 30 年平均平均暖日天数为 85.5 d/a,比 1961—1990 年增加 65.5 d/a,增加率达到 327%,B2 情景下,增加48.8 d/a,增加率为 244%。暖夜增加幅度更大,A2 情景下增加 115.0 d/a,增加率达到 603%,B2 情景下增加90.7 d,增加率达到 476%(表 6.1)。

表 6.1　华南地区 2071—2100 年 30 年平均极端温度事件的变化统计表

	1961—1990 年时段发生 (d/a)	2071—2100 年发生 (d/a)		2071—2100 年相对 1961—1990 年的变化(d/a)		2071—2100 年相对 1961—1990 年的变化率(%)	
		A2 情景	B2 情景	A2 情景	B2 情景	A2 情景	B2 情景
暖日	20	85.5	68.8	65.5	48.8	327	244
冷日	18.7	5.4	5.5	−13.3	−13.2	−71	−70
暖夜	19.1	134.1	109.8	115	90.7	603	476
冷夜	17.8	2.9	4.4	−14.9	−13.5	−84	−76

从变化的趋势来看,2071—2100 年暖日和暖夜都是呈现持续增加的趋势(图 6.9、图 6.10)。在高排放情景 A2 情景下,温度增加幅度大,暖日出现的频率比 B2 情景大。

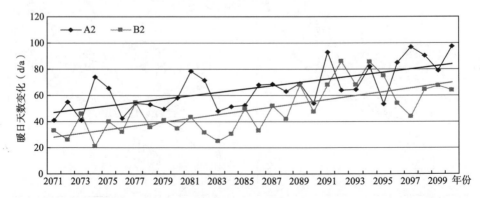

图 6.9　A2、B2 情景下 2071—2100 年华南地区暖日天数相对 1961—1990 年的变化曲线图

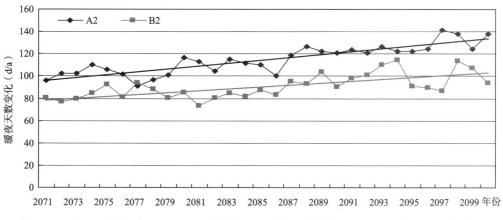

图 6.10　A2、B2 情景下 2071—2100 年华南地区暖夜天数相对 1961—1990 年的变化曲线图

从暖日和暖夜增加的空间分布来看(图 6.11、图 6.12),整个华南地区暖日和暖夜的天数都将会增加,A2 和 B2 情景下暖日增加频率的分布较一致,在广东、广西 2 省(区)的增加天数都是从南到北逐渐减少,同一纬度沿海地区的增加日数较内陆增加多,而海南省则是从四周向中心逐渐减少。同一情景下,同一个地区暖夜增加的天数也比暖日增加的天数多。

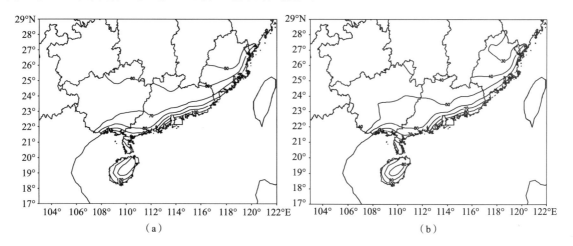

图 6.11　2071—2100 年华南地区暖日天数相对 1961—1990 年变化的空间分布图
(a)A2 情景　(b)B2 情景(单位:d/a)

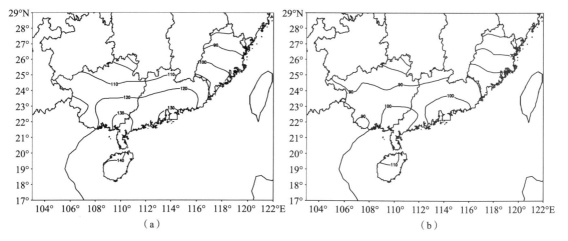

图 6.12　2071—2100 年华南地区暖夜天数相对 1961—1990 年变化的空间分布图
(a)A2 情景　(b)B2 情景(单位:d/a)

(2)白天极端低温(冷日)事件和夜间极端低温(冷夜)变化分析

未来华南地区白天低温(冷日)事件在 A2 和 B2 情景下都是减少的,A2 情景下减少 13.3 d/a,减少 71%;B2 情景下减少 13.2 d/a,减少 70%,而夜间极端低温(冷夜)事件在 2071—2100 年在 A2 情景下

减少 14.9 d/a,B2 情景下减少 13.5 d/a。

从每年的冷日变化情况(图略)来看,冷日的日数基本都是减少了 10 d/a 以上的。随着温度的不断增加,冷日和冷夜也不断减少,中高排放情景下冷日减少较多,中低排放情景减少较少;到了 21 世纪后 10 年,冷日基本上在 5 d/a 以下(因为华南地区 1961—1990 年平均冷日约为 19 d/a),随着温室不断增加,冷日也是不断减少的趋势。冷夜在 21 世纪后 30 年都是减少的,冷夜减少的幅度比冷日大,到了 21 世纪最后几年,A2 情景下已经基本上没有冷夜。

30 年平均冷日和冷夜变化的空间分布上类似,靠近海洋的地区冷日减少较多,而远离海洋的大陆地区冷日减少较少。

6.3.2 未来极端降水事件变化分析

(1)2071—2100 年极端降水事件频数变化分析

从表 6.2 可以看到,华南地区 2071—2100 年 30 年平均极端降水事件频数相对 1961—1990 年是增加的,在 A2 情景下,极端降水事件频数增加 2.9 d/a,增加率达到 48%;而在 B2 情景下,极端降水事件频数增加 2.2 d/a,增加率为 36%。

表 6.2 华南地区 2071—2100 年 30 年平均极端降水指数的变化统计表

1961—1990 年时段发生	2071—2100 年发生		2071—2100 年相对1961—1990 年的变化		2071—2100 年相对1961—1990 年的变化率(%)	
	A2 情景	B2 情景	A2 情景	B2 情景	A2 情景	B2 情景
极端降水事件频数(d/a)	5.9	8.8	8.1	2.9	2.2	48	36
极端降水量(mm/a)	293.9	451.6	421.9	157.7	128	53.7	44

而从极端降水事件频数变化的时间曲线(图 6.13)中可以看到,在 2071—2100 年,大部分年份的极端降水事件频数都增加,A2 和 B2 情景下都只有 4 年极端降水事件频数减少,从趋势来看,A2 情景下是增加趋势,B2 情景下是减少趋势。

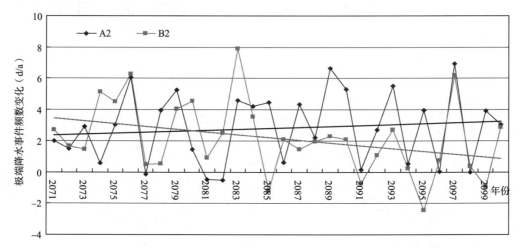

图 6.13 2071—2100 年华南地区极端降水事件频数相对 1961—1990 年的变化曲线图

从极端降水事件频数的变化空间分布(图 6.14)可以看到,A2 情景下广东和广西的极端降水事件频数都有不同程度的增加,最大出现在广西的北部,平均增加 6 d/a,而频数的增加量从北向南逐渐减少;而海南省,极端降水发生的次数会有所减少。而在 B2 情景下,则只有海南省南部极端降水事件频数将会有所减少,其他地区的都有增加,但是增加的幅度比 A2 情景小。可以看到,中高排放情景下,地区间的极端降水事件频数的差异比中低排放情景的大;整个区域的 30 年平均也是 A2 情景的极端降水事件频数比 B2 情景大,中高排放情景发生极端降水事件的可能性比中低排放情景大。

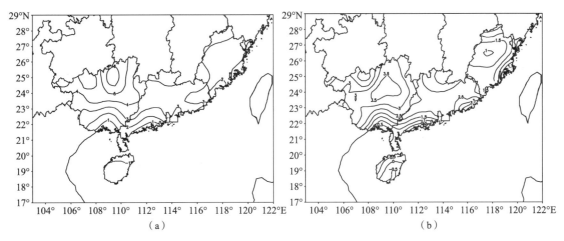

图 6.14　2071—2100 年华南地区极端降水事件频数相对 1961—1990 年变化的空间分布
(a)A2 情景　(b)B2 情景(单位:d/a)

(2)2071—2100 年极端降水量变化分析

和极端降水事件频数一样,2071—2100 年 30 年平均极端降水量在 A2 和 B2 情景下都增加,A2 情景下增加 157.7 mm/a,为 53.7%;B2 情景下,增加 128.0 mm/a,增加 43.6%(图 6.15)。

从极端降水量变化的时间曲线(图 6.15)变化可知,在 A2 和 B2 情景下,2071—2100 年大部分时间里华南地区的极端降水量都将增加,而且极端降水事件频数增加较多的年份极端降水量增加也较多。A2 情景下,极端降水量变化的年际变化比 B2 情景下大。

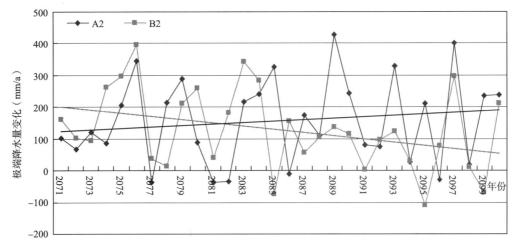

图 6.15　2071—2100 年华南地区极端降水量相对 1961—1990 年的变化曲线图

从整个华南地区 30 年平均极端降水量变化的月变化情况分析(图 6.16),在 A2 和 B2 情景下的极端降水量增加主要出现在 5—8 月这四个月,也就是夏季风盛行时期,表明未来华南地区可能会受到更强的夏季风影响,其次,3 月和 9 月也有一定程度的增加,冬季三个月都是减少的,在未来极端降水量增加的背景下,并不是每个月都会有增加的,极端降水发生会更集中在个别月份,未来极端降水量的季节差异将增大。

(3)2071—2100 年各量级降水量变化分析

从每个量级的降水量变化来看(图 6.17),A2 情景下,小雨(1~10 mm)降水量是减少的,而其他量级的降水量都有所增加,B2 情景下,小雨降水量也是减少,中雨(10~25 mm)有小幅度减少,而大雨(25~50 mm)、暴雨(50~100 mm)和大暴雨(≥100 mm)都会增加的。而从每个量级的降水量占总降水量的比重的变化来看(图 6.18),在 A2 和 B2 情景下,小雨和中雨降水量都有所减少,大雨、暴雨和大暴雨降水量所占的比重都会增加。未来降水量的增加主要是由大雨、暴雨和大暴雨降水的增加引起的,这三种量级降水量的占总降水量的比重将会增大,大雨、暴雨和大暴雨发生的概率将更大。

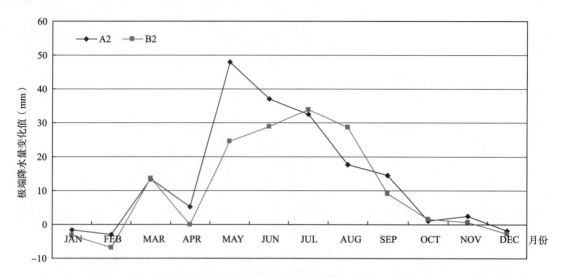

图 6.16 2071—2100 年华南地区 30 年平均极端降水量相对 1961—1990 年变化的月变化分布图

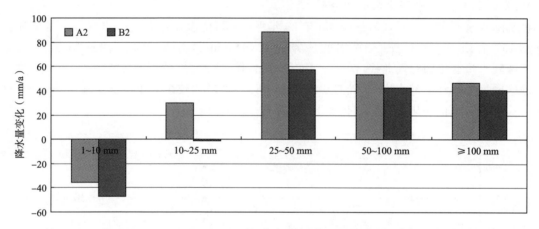

图 6.17 2071—2100 年华南地区各量级平均降水量相对 1961—1990 年的变化图

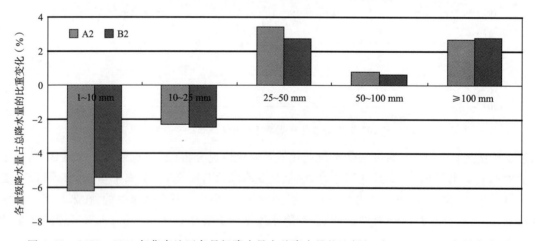

图 6.18 2071—2100 年华南地区各量级降水量占总降水量的比例相对 1961—1990 年的变化图

6.4 结论

(1)通过与实际观测资料和 NCEP 再分析资料的对比分析表明,PRECIS 对华南地区极端温度、极端降水具有较好的模拟能力。

(2)2071—2100 年地表温度增加的背景下,暖日和暖夜时间和空间都有大幅度的增加,增量从南到北递减,时间上逐年递增,每一年里发生暖夜(日)的时间也大幅度增加,同一情景下,暖夜的增加的日数比暖日多;A2 情景暖日(夜)增加比 B2 情景大;暖夜在两个不同情景之间的差距比暖日在不同情景之间差距大。冷日和冷夜在 2071—2100 年都减少,靠近海洋的地区冷日减少较多,而远离海洋的地区冷日减少较少,逐年递减,冷日(夜)在每年的发生时间也减少。冷夜的减少比冷日多,A2 情景下冷日(夜)减少比 B2 情景下大。冷夜在两个不同情景之间的差距比冷日在不同情景之间大。大气温室气体浓度增加对夜间极端事件的影响较大。

(3)2071—2100 年极端降水事件频数会在大部分的年份都是增加的,在空间变化上也是大部分地区极端降水事件频数会有增加的,广西北部增加幅度最大,气候变暖的情况下,未来华南地区将受到更多的极端降水事件的影响;而极端降水量在未来大部分时间都有所增加,春季和夏季的极端降水量增加较多,而冬季极端降水量则减少,未来极端降水会更集中在个别月份。2071—2100 年华南地区小雨降水会减少,大雨、暴雨和大暴雨会增加。未来降水量的增加主要是由大雨、暴雨和大暴雨降水的增加引起的,大雨、暴雨和大暴雨发生的频率将更大。

第 7 章　气候变化不确定性分析

7.1　气候变化不确定性的来源

气候变化研究结果的不确定性主要来自三个方面:(1)观测资料的不完善与误差;(2)模型不确定性;(3)认知因素。

7.1.1　观测资料的不完善与误差

观测资料的不完善与误差包括观测的随机误差和系统误差,以及资料的不均一性等。长期积累下来的观测资料在用于气候变化研究时,会带入因观测仪器改变而产生的系统偏差,进而影响气候变化相关研究结果,而观测台站的迁移和观测规范的改变也同样会带来系统偏差(王绍武,2001)。站址迁移对观测数据均一性的影响很大,尤其是对极端气温、雨量、风速等气象要素(吴增祥,2005)。台站环境、观测仪器类型及安装高度、地表裸露程度,对观测记录的均一性也有较大的影响,其中观测仪器类型及其安装高度的变动,对风速气候资料序列的非均一性影响不容忽视。观测方法的变动,集中反映在观测规范的变动上。此外,测站误差、取样误差和偏移误差,也会对观测和分析结果的精度产生影响。目前华南气候变化观测事实分析中所用的资料主要是近 100 年和 48 年的器测资料,缺乏长序列树木年轮、冰芯、湖沼沉积、花粉、珊瑚、石笋等气候变化代用资料,而且在长时间观测所形成的器测资料序列中,观测站点分布的不均匀、站点迁移、仪器变更、观测时次变化、站址环境渐变等人为因素,导致了气候资料序列产生非均一,给气候变化检测研究结果的精确性和可靠性带来了很大的障碍。所用资料年代的不同、所用观测站点的多少、区域平均数据求算方法的差异都会对气候变化观测事实产生较大的影响。

7.1.2　模型不确定性

模型不确定性主要是对气候系统中的物理、化学、生物过程的不完全了解,如气候模式的不确定、温室气体排放情景的不确定、评估模型的不确定等。当前的气候模式仍然需要大大改进,气溶胶辐射过程、云辐射过程、云和水汽反馈过程、陆面过程以及海洋物理过程等都是气候模式不确定性的主要来源。现在对温室气体"源"和"汇"的了解还很有限。同时,各国未来的温室气体和气溶胶排放量取决于当时的人口、经济、社会等状况,因此未来温室气体和气溶胶排放情景的不确定性也比较大。利用气候模式进行未来人为气候变化趋势预估在定性上有一定程度的可靠性,但在定量上仍存在较大分歧。利用气候模式进行未来降水和极端气候事件的模拟和预估,其结果的可信度更低。

由于对气候变化与海洋、作物、水文、能源等系统之间相互作用的关键因子、作用机理和反馈机制的认识还不够全面,气候情景的生成、评估模型的结构及其与气候模式在不同时空尺度上的耦合转化存在诸多偏差,目前气候变化影响的评估方法和结果也存在很大的不确定性。

7.1.3　认知因素

现在人们对气候系统运行机理的认识还不完善。气候系统包含了大气、水、冰雪、生态、固体地壳以及人类社会等多个圈层,不同圈层之间存在着复杂的相互作用,特别是具有复杂的物理、化学与生物反馈作用。这些反馈过程包括水汽反馈、云层反馈、冰冻圈反馈、海洋反馈、陆地生态系统反馈等,目前对其认识还处于初始阶段。

目前对气候变化驱动因子的认识还有待深入。由于人类活动,温室气体在地球大气中不断积累,引起了地表温度的升高。在过去的几十年中所观测到的变化很可能主要是由人类活动释放的温室气体引起的,这是 IPCC 第四次评估报告的结论,但是不能排除这些变化的一些重要部分也是自然变化的反映,目前仍不清楚自然气候变率有多大,对太阳活动和火山喷发的气候影响缺乏了解,对气候系统内部的过程和机理缺乏足够的认识,气溶胶、城市化对区域气候变化的影响尚有待深入研究。IPCC 所指的只是近 100 年来,现在这一段的气候变化,可能与人类的活动有 90% 的关系,再往前追溯更长时间,可能是自然因素在起作用。我们不知道未来百年有哪些驱动因子会发生什么样的变化;为了响应驱动因子的变化,气候系统会引发什么样的物理、化学和生物学过程及其相互作用过程的变化,从而形成一种新的气候状态;用什么样的模式可以真实地刻画由驱动因子变化引发的气候变化。因此,在这样的认知水平下做出的气候预估,其不确定性是很大的。

7.2 华南区域气候变化不确定性评价

在定性描述气候变化某个结论的不确定性时,IPCC 评估报告一般使用"证据数量的一致性"、"科学界对结论的一致性程度"两个指标,通过分析结论在图 7.1 中的位置来判断其不确定性特征。在决策者摘要图 9 中,左下位置 A 的不确定性最大,右上位置 I 的不确定性最小。

对于《报告》中有关观测到的趋势,虽然通过资料质量控制、均一化检验选取代表性站点等已将资料误差尽可能降到了最低,但资料序列长短仍对结论有影响,因此,其结论应处于图 9 中 E 的位置:一致性中等,证据量中等。

全球气候模式集合平均的、区域气候模式模拟的年平均气温和年平均降水,与观测实况均有较大的误差,仅能模拟出大致的空间分布特征,因此,气温和降水的预估结论应处于图 9 中 D 的位置:一致性中等,证据量有限。

《报告》对不同领域的影响评估,主要基于已出版的文献。由于各个文献中,评估方法、资料和年代的不同,结果也有所差别,《报告》采取了大部分文献结论基本一致的结果。对此部分的评估结论,应处于图 9 中 D 的位置:一致性中等,证据量有限;或 E 的位置:一致性高,证据量有限。

第二篇　气候变化的影响与适应

第8章　海岸带

8.1　华南海岸带概况

华南区域位于我国大陆南端,濒临南海,海岸线长达 8800 km 以上,南海海域总面积达 350 万 km² 以上。面积大于 500 m² 的海岛 1435 个,岛屿面积 3.5 万 km²,岛屿岸线长度 4666.7 km,滩涂面积近 38 万 hm²,海岸带土地覆盖面积 1384.53 万 hm²,占全国的近 30%,蕴藏有丰富的港湾资源、生物资源、滨海旅游资源、矿产资源和海洋再生能源。为此,华南三省(区)提出要再造“海上广东”、“海上广西”、“海上海南”,将海岸带开发作为经济持续发展的重要基础和保证。但是,在海岸带开发利用中,仍然存在着诸多问题,主要有:(1)缺乏统一规划和管理,行业、地区、部门间矛盾较多,部门分管、条块分割,开发秩序混乱,局部区域用海矛盾突出。(2)资源过度开发与开发不足并存,近海渔业资源过度开发,远洋捕捞、浅海养殖和深水养殖未得到应有的发展。(3)海域开发中不合理、不科学的现象仍然存在,科技含量还不高、效益不明显,海洋资源的破坏和浪费的现象时有出现。(4)局部海域环境质量下降,存在超标排放工业废水和生活污水的现象,局部海区水体呈富营养化趋势;片面追求经济效益,围海造地、毁林修建养殖塘等现象时有发生,局部区域红树林等生态系统遭到不同程度的破坏。(5)自然灾害较多,适应气候变化和防灾减灾能力不强。

8.2　观测到的气候变化对海岸带的影响

8.2.1　对海平面高度的影响

根据 2007 年、2009 年中国海平面公报,最近 30 年来,南海海域、广东、广西、海南沿海海平面上升速率分别为 2.7 mm/a、1.8 mm/a、2.7 mm/a、2.7 mm/a,与全国海平面平均上升速率相当。而 1993 年至 2006 年,南海海平面平均上升速率为 3.9 mm/a(时小军等,2007;2008),略高于同期的全球平均值 3.1 mm/a,表明近十多年来,南海海平面与全球一样正加速上升,而且上升速率略高于全球平均值。

8.2.2　对风暴潮强度和频率的影响

广东省湛江港的最高潮位 20 世纪 60 年代以来平均升高 0.76 m,强潮(大于等于当地平均海平面 2 m 的高潮)频率 20 世纪 50 年代为 4.8%,60 年代为 7.6%,70 年代为 10.6%,80 年代为 11.8%。硇洲岛的强潮频率 20 世纪 60 年代为 6.3%,70 年代增为 8.2%,80 年代为 8.4%(黄镇国等,2000)。强潮频率增加,强潮与风暴潮同时出现的概率也随之增大,从而加大了强风暴潮的出现频率和强度。1949—2008 年,广东沿海共发生特大潮灾 16 次,较大潮灾 20 次,一般潮灾 9 次,轻度潮灾 27 次。直接经济损失超过 100 亿元的台风暴潮灾害 2 次,其中损失 50 亿~100 亿元的为 1 次,20 亿~50 亿元的为 6 次。广东沿海遭受强风暴潮影响的频率最近 10 年比 1949—1995 年增加了 1.5 倍(张俊香,2008)。

8.2.3 对城市排涝和河口水位的影响

华南沿海平原地区城市排水能力较低,海平面上升,潮位抬高,导致城市排水系统抽排效率降低,雨后积水现象严重。如珠江三角洲中心城市广州,市中心区现有排水管道达到一年一遇标准排水管网占总量的83%,达到两年一遇标准的排水管网仅占总数的9%。其他地区排水能力更低。许多城镇还是以明渠河涌的形式靠自流排水,强降雨极易造成城区大面积水浸。2010年5月7日凌晨,广州遭遇历史最强暴雨袭击,其中3小时连续降雨量达199.5 mm,特大暴雨导致市区44处路严重水浸和交通堵塞,部分商铺、停车场被淹,直接经济损失达5.4亿元。

由于自然淤积、围垦及联围筑闸等原因,珠江河口河道缩狭、河底淤高。同时,受径流和海洋潮汐的制约,珠江河口水位有明显变化,总的趋势是缓慢上升(表8.1)(黄镇国等,2000)。

表 8.1　广州市区珠江水位(珠基)的变化

年代	1910	1920	1930	1940	1950	1960	1970	1980	1990
最高水位(m)	—	1.860	1.970	1.980	2.240	2.344	2.414	2.424	2.440
年平均最高水位(m)	1.843	1.532	1.679	1.688	1.869	2.071	2.137	2.047	—

8.2.4 对重要基础设施的影响

广东沿海海平面呈上升趋势,但不少沿海工程由于设计基准面偏低、设计波高偏小而受到海平面上升的影响。

珠江口大万山岛20世纪50年代建造的一个码头,其高度约为平均海平面以上1.5 m,而1984—1993年的10年间有6年的最高潮位超过平均海平面以上1.5 m。60年代在上述码头西北约2 km处修建一个栈桥式水产码头,其设计标准为平均海平面以上1.8 m,但是,至80年代,有三分之一的年份,码头在最高潮位时被淹没,尤其是1989年7月18日受8908号台风的影响,大浪把栈桥式码头掀翻(黄镇国等,2000)。

广州市排水口的高程标准,20世纪50年代为珠江基面以上1.7 m,80年代初因市区低处多次被淹而将标准提高到2.02 m,80年代末改为2.07 m,但仍然较低,90年代初提高到2.5 m,近年又将标准提高到2.75 m。全省沿海24个验潮站,工程设计的最高潮位都已经被实测的最高潮位所超越,其中珠江口8个验潮站,实测最高潮位已经超过设计最高潮位1 m左右。珠江口海域的大浪(有效波高≥2 m)频率,冬季(10月至翌年3月)由27.8%增为32.8%,夏季(4月至9月)由15.0%增为16.3%。粤西硇洲岛和粤东遮浪站的平均波高20世纪60年代以来分别增大了0.2 m和0.7 m(黄镇国等,2000;2003)。

8.2.5 对滩涂资源开发利用的影响

滩涂是华南区域重要的后备土地资源。海平面下降有利于滩涂出露而使面积增大,海平面上升则使滩涂面积的增长量减少。但过去百年来海平面上升并未阻止华南沿海滩涂的再生,这与华南沿海地区存在大量的河流入海泥沙有关。珠江每年输出口门的泥沙为7098×10⁴ t,河流入海泥沙的大量输送导致广东每年有大量的滩涂淤积(黄镇国和张伟强,2004)。广东沿海滩涂的淤积速率在0.02~0.05 m/a(黄镇国等,2000)。同时,作为一项重要的海洋开发工程,围海造地又使滩涂湿地在逐步丧失。尽管新的滩涂也在不断淤涨生成,但岸滩的自然淤涨速度已经滞后于围垦建设发展速度,目前,广东已围垦滩涂23.5万 hm²,占滩涂资源的53.4%,未围垦滩涂20.5万 hm²,占滩涂资源的46.6%,占补已经失去平衡,海平面上升造成的滩涂资源增长量减少则加剧了这种占补失衡,对广东新一轮的滩涂开发造成不利影响。

8.2.6 对海岸侵蚀的影响

广东侵蚀岸线总长度736 km,约占全省海岸线总长度的17.9%。20世纪50年代以来海岸侵蚀日渐明显,20世纪70年代末期以来侵蚀程度加剧。20世纪80年代末以来,海岸侵蚀总体上处于稳定状态,但局部岸段侵蚀严重(左书华和李蓓,2008)。韩江三角洲西溪口至新津溪口海岸40年来后退300 m,电白水东湾沙坝全面蚀退,速率为1～3 m/a,树木被冲毁,村庄内迁,滩脊沉溺海底(杨干然等,1995)。湛江麻斜铜鼓岭海岸40年来蚀退25 m,速率为0.6 m/a。雷州半岛南岸青安湾1938—1978年蚀退10～25 m(黄镇国等,2000)。2003年至2006年,广东省雷州市赤坎村岸段侵蚀长度为300 m,平均侵蚀宽度2.0 m,最大侵蚀宽度5.0 m,侵蚀总面积800 m²。近几年海岸侵蚀加剧,直接威胁村民的生命财产安全(国家海洋局,2008;刘孟兰等,2007)。

8.2.7　对沿海红树林、珊瑚礁的影响

红树林广泛分布在华南的滨海滩涂。20世纪50年代,三省(区)红树林面积曾达4万 hm² 以上,由于气候变化,尤其是长期的砍伐围垦,红树林面积锐减,至1997年已下降到1.4万 hm²。红树林分布中心区的海南东寨港已有49%红树林被围垦毁灭。目前,大部分红树林为次生林,高大的原始林很少。海南省1988年有红树植物37种,目前已不到27种。有些红树林,如海南海桑、红榄李、银叶树等已处于濒危状态,果膏木已在整个广西沿岸消失(韩秋影等,2006;连军豪,2005)。

华南大陆沿岸分布着大量的岸礁,由于气候变化,尤其是人类活动的影响,珊瑚礁受到了严重破坏。20世纪50年代以来,海南岛沿岸珊瑚礁破坏率达80%。海南三亚鹿回头81种造礁石珊瑚中,30种已经区域性灭绝。广西涠洲岛1987年有珊瑚21属45种,到2001年只有14属16种(韩秋影等,2006)。连续5年的监测结果表明,雷州半岛西南沿岸徐闻珊瑚礁生态系统仍在持续衰退,其中活珊瑚的平均盖度放坡断面站由2004年的18.7%下降为2008年的15.5%,水尾角断面站则由2005年的40.8%下降为2008年的17%(广东省海洋与渔业局,2009)。根据2008年中国海洋环境质量公报,在广东、海南、广西等海域,均发现了不同程度的珊瑚白化和死亡现象。

8.3　未来气候变化对海岸带的可能影响

8.3.1　预计的海平面高度变化

根据2009年中国海平面公报给出的预测结果,未来30年南海海平面较2009年将分别上升73～127 mm,广东、广西、海南沿海海平面较2009年将分别上升83～149 mm、74～110 mm和82～123 mm,属"涨幅"最大地区之一。

8.3.2　对风暴潮强度和频率的可能影响

海平面上升,加上风暴潮,高潮位将更加升高。珠江口4个验潮站的计算结果表明,海平面上升0.3 m,平均小潮高潮位将接近甚至超过平均大潮高潮位,珠江口沿海地区每月大约有三分之一时间的潮位接近当地天文潮高潮位。海平面上升1 m,赤湾验潮站现状100年一遇最高潮位2.3 m将小于海平面上升后10年一遇最高潮位2.76 m;海平面上升后50年一遇最高潮位3 m即可超过当地最高潮位设计标准(2.91 m);海平面上升后100年一遇最高潮位将达到3.3 m(表8.2)(黄镇国等,2000)。

海平面上升不仅使最高潮位值上升,而且缩短了风暴潮重现期。海平面上升0.3 m,风暴潮现在100年一遇的6个验潮站变为45年至70年一遇,50年一遇的3个验潮站变为18年至27年一遇,20年一遇的2个验潮站变为5年一遇。海平面上升0.3 m,严重潮灾(潮位超过警戒水位1 m)的重现期将普遍比现状重现期缩短50%～60%甚至70%(黄镇国等,2000)。

台风和风暴潮的增强,以及风暴潮重现期的缩短,极易造成漫堤甚至溃堤,从而对海岸防护工程和建筑物产生严重威胁,并淹没低洼地区造成巨大损失。

表 8.2　海平面上升下的不同重现期最高潮位值(珠江基面)

重现期(a)	海平面上升(m)	最高潮位(m)
10	0	1.76
	1	2.76
50	0	2.0
	1	3.0
100	0	2.3
	1	3.3

8.3.3　对城市防洪的可能影响

珠江三角洲地势平坦,约有 27% 的平原面积低于海平面,未来海平面上升 30 cm,该面积将扩大到 42%。位于珠江三角洲的广州、佛山和珠海等城市地势更低,很大一部分地区地面高程仅 0～1.5 m(黄海高程基准面)。目前这些城市地面的相当部分已处于当地平均高潮位以下,完全依赖城市防洪设施保护,遇风暴洪水袭击,极易造成严重灾害。而且这些城市发展普遍存在向地势更加低平的滨海地带扩张的趋势(如广州南沙开发、汕头东部城市经济带开发、湛江东海岛开发等),更加重城市的防洪负担。海平面上升将使这些城市已十分严峻的防洪问题更加突出。根据广州站现状与海平面上升 50 cm 不同重现期最高潮位的比较分析表明,海平面上升将导致广州城市防洪能力的明显下降。未来相对海平面上升 50 cm,广州附近现状重现期为 100 年一遇的高潮位(3.47 m)将降为 20 年左右(3.49 m)一遇。相应城市防洪能力则由现状 40～50 年一遇降为 10 年一遇,与未来城市发展的需要不相适应(表 8.3)(何洪钜,1994;杨桂山和施雅风,1995)。

表 8.3　海平面上升对广州城市防洪能力的影响

海平面上升(cm)	不同重现期最高潮位(黄海基面)(m)					防洪设施	
	10	20	50	100	1000	设计潮位(m)	设计能力(年一遇)
0	2.76	2.99	3.26	3.47	4.11	3.2	40～50
50	3.26	3.49	3.97	3.97	4.61		10

8.3.4　对区域规划和产业布局的可能影响

海平面上升最直接的后果就是沿海低地受淹。在无防潮设施情况下,假设未来海平面上升 30 cm,按照历史最高潮位,珠江三角洲沿岸一些地区被淹面积将达 5545.69 km²;在现有防潮设施情况下,未来海平面上升 30 cm,按照历史最高潮位,这一地区被淹面积将为 1153.47 km²。当海平面分别上升 30 cm、65 cm、100 cm,在现有的防潮设施情况和百年一遇高潮位条件下,以 1990 年人口为基数,珠江三角洲受灾人口分别是 156.12 万、291.85 万和 586.61 万,分别占总人口的 7.97%、14.90% 和 29.69%(杜碧兰,1997)。

研究表明,海平面上升 1 m,深圳市蛇口半岛淹没的建设用地和水域将分别占淹没区面积的 54.39% 的 37.54%,届时大铲湾的围垦养殖区将全部被海水淹没,沿岸居民将被迫向内陆迁移,蛇口半岛部分港区码头也将处在海平面以下,严重影响港口正常运营。如遇 50 年一遇或更大的风暴潮,黄田至大铲湾的养殖水域会被潮水侵袭,沿岸城镇将出现内涝,深圳机场也将出现淹水,建设用地将占到淹没区的 60% 以上,养殖水域面积将近 30%,造成巨大的直接经济损失(李猷等,2009)。

据广东省发展改革委有关资料分析,近五年广东沿海各市规划建设的重大基础设施和产业项目共计 321 个,涉及用海的有 260 个,占 80.9%。海平面上升导致的大片建设用地、水域、农田、盐田被淹没,迫使人口迁移或者改从其他产业,以及产业转移,将对沿海地区社会经济的可持续发展造成越来越严重的影响。随着时间推移,在沿海规划布局的重大基础设施和产业项目会越来越多,淹没区和受灾人口会不断增加。若预防或者治理措施不当,淹没区受灾人口的迁移、妥善安置和生存都会成为一个严重的问题。

8.3.5　对用水安全的可能影响

海平面上升对城乡工业用水、居民生活用水和农业灌溉用水都有着相当重要的影响。结果表明，250 mg/L咸界的位置在同一海平面上升幅度条件下，随着上游来水频率的增大，流量减小，咸潮上溯距离增大；同一来水频率条件下，随着海平面的上升，咸潮上溯界线明显向上游方向移动。在50%、90%和97%三种来水频率条件下，海平面上升幅度为10 cm、30 cm、60 cm的情况下，广州市、中山市、珠海市、香港、澳门等地区枯季都会受咸潮上溯的影响，进一步会给城乡供水安全带来威胁。图8.1为海平面上升60 cm时不同来水频率的咸潮上溯界线。

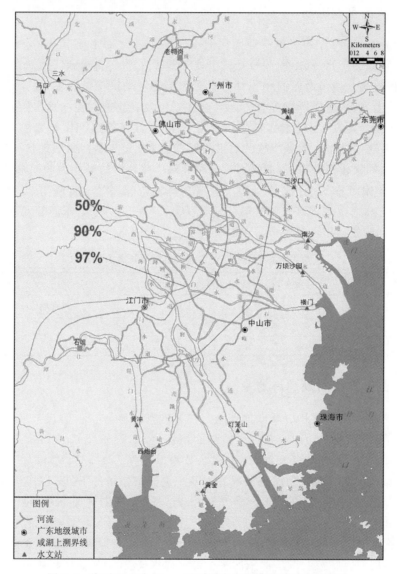

图8.1　海平面上升60 cm时不同来水频率的咸潮上溯界线

珠江三角洲地区的工业废水和生活污水，83%排入网河区内，这些污水主要靠落潮流带入外海，一部分由网河区水体稀释自净。海平面上升，潮流顶托作用加强，城市排放污水下泄受阻，造成污水在河网中长期回荡，甚至倒灌，加重水体污染，加剧了城市用水供需矛盾。

8.3.6　对国土和海域安全的可能影响

珠江三角洲地区面积大于和等于500 m²的海岛共计450个，分别占广东省海岛总数的60%、全国海岛总数的7%。在海平面上升的不同情景下，珠江三角洲海岛数量与面积将发生巨大变化。随着海平面的逐年上升，海岛会逐渐由大变小，甚至消失。假设在无防潮设施情况下，按平均大潮高潮位为141 cm时，若海平面再上升30 cm、65 cm和100 cm时，珠江三角洲近海将被淹没的海岛及其总面积，分别为 48 个、2.0206 km²；48 个、2.0206 km²；49 个、2.0222 km²。如果这些岛屿都拥有 12 海里领海，则相应失去领海海域分别为 74477.09 km²、74477.09 km² 和 76028.69 km²。由此可见，岛屿消失而使国土流失的严重性，不仅在于一个岛屿微不足道的陆域，更令人不容忽视的是，按照《国际海洋法》中规定的岛屿制度，将失去一大片的国家管辖海域。

8.3.7 对重要基础设施的可能影响

以往的海洋工程或海岸工程在设计时所推算的设计潮位，大都未考虑海平面上升的影响，因而在海平面上升后，原来推算的设计潮位的重现期将缩短。灯笼山、西炮台、横门、南沙目前 100 年一遇设计高潮位的重现期，至 2030 年将缩短为 20 年至 40 年一遇（黄镇国等，2000）。海平面上升使强潮频率增大。如广州黄埔港，实测风暴潮最高潮位为 2.38 m，它相当于现况海平面条件下 50 年一遇的风暴潮潮位（2.40 m），但是海平面上升 0.3 m 后，50 年一遇将降为 15 年一遇，100 年一遇将降为 30 年一遇，200 年一遇将降为 55 年一遇（黄镇国等，2003）。海平面上升，水深增加，会直接导致风浪的波高增大。在广东沿海的浅海区，海平面上升后，海上工程设计波高的增大值大约与海平面上升值相等（陈奇礼和许时耕，1995；黄镇国等，2003）。若天文大潮与风暴潮高潮配合形成异常潮位时，波浪增大更加显著，对一些重要工程如沿海港口建设、大亚湾核电站、琼州海峡跨海工程、港珠澳大桥等的影响不可低估。

8.3.8 对滩涂资源开发利用的可能影响

研究表明，珠江口的淤高速率以厘米计，平均最小速率也有 1.4～2.5 cm/a，而未来相对海平面的上升速率则以毫米计，为 5～7.5 mm/a。因此，海平面上升不会使滩涂的面积出现负增长，但是，相对海平面上升幅度会抵消滩涂的部分淤高幅度，使滩涂面积的增长量减少。海平面不上升，广东滩涂面积到 2030 年将增长 9.98×10⁴ hm²，海平面上升 0.3 m，增长量将少 2.33×10⁴ hm²（黄镇国等，2000）。海平面上升对滩涂利用也会造成影响。海平面上升影响围垦区防潮海堤的防潮能力、滩涂排涝、灌溉和供水，需要提高海堤工程建设标准，增大电排的装机容量和电排泵站，河口围垦区引淡拒咸任务更加繁重，增加了滩涂开发利用的成本。

8.3.9 对海岸侵蚀的可能影响

海平面上升诱发的海岸侵蚀，从表现形式上可分为直接影响和间接影响两类，前者表现为海水向陆地入侵所造成的海岸后退、沿海平原低地的淹没和沼泽化，后者是指由于海平面上升，在新的海岸动力条件与泥沙环境下，海岸所发生的新的平衡调整而加大海岸侵蚀。海平面上升 0.3 m，广东沿海设计波高将增大 0.23～0.27 m，严重潮灾的重现期将普遍缩短 50%～60%，平均高潮位将增大 0.34～0.38 m。波浪和风暴的共同作用将加剧海滩侵蚀（黄镇国等，2000）。一次强台风所造成的侵蚀结果往往超过正常潮汐下整个季节的变化，其中一些突出后果在以后若干年仍会显示它的影响。从 0307 号台风"伊布都"袭击粤西沿海时所产生的海岸侵蚀来看，其影响是触目惊心的（蔡锋等，2004）。

珠江口一带有不少新围垦的人工海堤工程地质条件很差，在海岸侵蚀作用下，常发生崩塌现象。海平面上升将加剧海岸的蚀退，一方面滩涂的成陆速度将大大放缓，另一方面在海浪的强烈冲击下，会引起海堤的崩塌与岸坡的后退，毁坏岸边的房屋或公路等设施。从最近几年风暴浪潮灾情角度来看，全球气候变暖背景下广东沿海风暴浪潮发生的强度和频度逐步提高。未来广东海平面将加速上升，因此从长远看，海平面的上升所导致的海岸侵蚀对广东沿海的影响将是巨大的，应引起有关方面的密切注意。

8.3.10 对沿海红树林、珊瑚礁的可能影响

当海平面上升速率超过红树林的沉积速率时，海平面上升导致红树林被浸淹而死亡、红树林分布面积减小等。广东沿海浅滩的淤高速率以厘米计，平均最小速率也有 1.4～2.5 cm/a，而未来相对海平面的上升速率则以毫米计，为 5～8.3 mm/a，滩涂沉积速率基本上都高于海平面上升速率，即海平面上升不会对广东大部分红树林的存在和分布构成显著影响。但对泥沙来源少，红树林潮滩沉积速率较低的地区，会受到严重影响。而且广东红树林后缘通常有海堤，不利于红树林的向陆演化，可能导致这些

地区红树林在本世纪末因为海平面上升而受到严重影响。此外,海区潮水浸淹频率的升高和波浪作用的加强将使红树林退化、死亡或难以自然更新(张乔民,2001)。

据研究,珊瑚礁垂直生长速率可以达到 0.6 cm/a,甚至 0.8～1.0 cm/a,而本世纪广东沿海海平面上升速率达 0.55～0.83 cm/a,珊瑚礁生长速率和海平面上升速率基本同步,所以,海平面上升对珊瑚礁的威胁较小。海平面上升加剧的侵蚀、浪、潮作用会降低海水的透明度,加重海水受污染程度,影响为珊瑚虫提供营养的虫黄藻的光合作用使珊瑚生长受到抑制。珊瑚难以在 30℃ 以上的海水中生存,全球气候变暖只要使海温升高 2～3℃,就会对珊瑚产生严重的后果。这是因为水温升高会使为珊瑚虫提供营养的共生虫黄藻大量离去或死亡。华南区域本世纪末年平均气温可能增加 1.9～3.4℃。届时,许多珊瑚礁将达到或接近其生长的温度阈值,对许多珊瑚礁造成更不良的状态,出现严重的威胁。

8.3.11　对滨海旅游的可能影响

未来海平面上升将给华南区域的滨海旅游业带来很大危害,其中受害最严重的将是被誉为"寸沙寸金"的旅游沙滩资源。据对大连、秦皇岛、青岛、北海和三亚等 5 个主要海滨旅游区估算,海平面上升 50 cm,这些城市的海滨旅游区将因淹没和侵蚀加剧而后退 31～366 m,沙滩平均损失率达 24%。此外,海平面的上升,对红树林和珊瑚礁的生存有着极大的压迫和危机。以红树林和珊瑚礁为主的旅游区、自然保护区以及著名的旅游海岛等都将受到不同程度的影响,已建的一些重要旅游设施也将可能受到危害。

8.3.12　气候变化对华南海岸带影响的脆弱性

杜碧兰(1997)在海平面上升规律和预测的基础上,根据近岸陆地高程、海岸防护建筑物等级、风暴潮强度等多种因素的综合评估,将中国海岸带划分为 8 个主要脆弱区,其中珠江三角洲是 4 个最重要的脆弱区之一(图 8.2)。

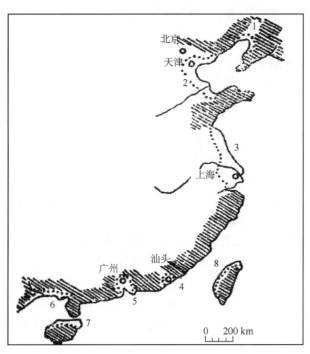

图 8.2　中国沿岸海平面上升的脆弱滨海平原(点线向岸所包括范围)
(杜碧兰,1997)(1. 下辽河平原 2. 华北平原 3. 华东平原 4. 韩江平原 5. 珠江三角洲平原 6. 广西滨海平原 7. 海南北部平原 8. 台湾滨海平原)

张伟强等(1999)综合考虑海平面上升幅度、海平面上升影响范围、区域社会经济环境质量、致灾因子强度、区域抗灾能力,将广东沿岸划分为 5 个风险等级区(图 8.3)。

海平面上升影响高风险等级区,包括广州市、珠海市、汕头市沿海区、湛江东部沿海区。

较高风险等级区,包括潮州市沿海区、汕尾市沿海区、深圳市西部沿海区、江门市沿海区、茂名市沿海区。

中等风险等级区,包括揭阳市沿海区、东莞市、中山市、江门市三角洲区、阳江市沿海区、湛江市西部沿海区。

低风险等级区,包括惠州市沿海区、佛山市。

较低风险等级区,包括潮州市韩江三角洲区、汕头市南澳县、深圳市东部沿海区。

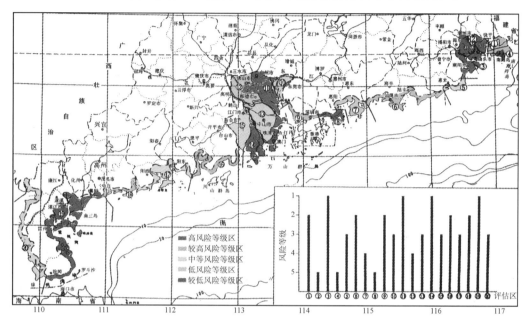

图8.3 广东沿海地区海平面上升影响风险等级分布

据张伟强等(1999)改绘

8.4 华南海岸带应对气候变化的对策与建议

海洋与气候变化息息相关,海洋既是导致和抵御气候变化的主要领域,同时又极易受到气候变化的各种影响。华南沿海区域是我国人口稠密、经济活动最为活跃的地区之一,日益遭受气候变化所导致的海平面上升、海洋环境灾害加剧的影响。目前,华南沿海抵御和适应气候变化的能力十分薄弱,应对气候变化的形势严峻,任务艰巨。

8.4.1 加强海岸带适应海平面上升的监测预警和风险评估

建立省、地、县海平面变化监测体系,加强对各地的潮位观测、地壳形变的长期观测,以及海洋水文、海滩动态监测。建立海平面上升预测预报模型和预警系统,提高海平面上升预测能力。完善海平面上升影响评价指标体系和评价模型,分析气候变化和海平面上升对沿海地区的潜在影响,建设海平面上升影响评价系统。把适应气候变化和海平面上升的影响问题纳入地区和部门发展规划。在沿海重点经济区开展海平面上升影响评价,对评价区域进行海平面上升脆弱区划,将评价结果和脆弱区划范围作为沿海地区重大工程建设、城镇规划、经济开发等的重要指标,要按适应对策调整经济发展布局、区域发展计划、土地利用规划,限制海岸带人口增长和向海岸带迁移人口等。

8.4.2 提高防范标准,强化海岸防护设施建设

针对沿海区域海平面上升的不同特点,在滨海城市建设和开发、土地规划利用、海域规划使用、滨海油气开采、海岸和河网的防护、沿岸港口码头、电厂等重大工程、海水养殖和海洋捕捞、种植业、观光旅游业等领域,全面提高防范气候变化和海平面上升的标准。如修订城市防护与海岸工程标准、海洋灾害防御工程标准、重要岸段与脆弱区防护设施建设标准,核定警戒潮位和海洋工程设计参数。切实做好海堤、江堤的建设,加强防护林建设。在城市沉降地区建立高标准防洪、防潮墙、堤岸,改建城市排

污系统。在沿海低平原地区,特别是河口三角洲地带,建设永久性的重大工程时应适当提高建筑基面,以免未来海平面上升被淹没,造成重大损失。

8.4.3　强化极端气候条件下的海洋灾害预报预警

完善以卫星、雷达、自动气象站、移动观测、海洋浮标、海洋潜标等为主的台风、风暴潮、海浪等海洋灾害监测体系,加强台风、风暴潮数值预报和综合预报技术开发,拓宽台风、风暴潮灾害预警信息发布渠道,突破预警信息最后一公里瓶颈。进一步建立健全海洋灾害应急预案体系和响应机制。分级、分部门、分行业构筑防台风、风暴潮预案体系,推行预案到村、到学校、到街道、到社区、到基层单位。建立政府领导、部门分工、社会联动的防御海洋灾害应急机制。

8.4.4　加强红树林、珊瑚礁生态系统的恢复和重建

开展华南地区红树林、珊瑚礁资源的调查、评价和监测,建立信息数据管理系统和资源监测体系,掌握变化动态。建立红树林、珊瑚礁保护区和合理利用示范试验区,对红树林、珊瑚礁资源的可持续利用进行规划,开展红树林、珊瑚礁恢复重建,实施红树林、珊瑚礁保护专项行动计划。加强华南沿海红树林人工营造、珊瑚礁生态系统保护和恢复技术的研发,全面、深入、系统地了解广东红树林、珊瑚礁类型、特征、功能、价值和动态变化。建立政府投入为主,国际援助、社会集资、个人捐助等为辅的保护资金投入机制。积极开展国际合作与交流,全方位引进先进技术、管理经验与资金,开展红树林、珊瑚礁优先保护项目合作。

8.4.5　将海岸带适应气候变化纳入法制化、标准化轨道

加快出台华南三省区应对海平面上升影响条例,以法规的形式,规范政府、部门、企业、组织和公众在应对海平面上升影响中的职责。建立应对海平面上升影响标准体系。制订、修订海平面观测与评价、海岸带地面沉降观测规范、沿海地区地下水位观测规范、基准潮位核定技术规程、海平面上升预测技术指南、海平面上升评价标准、沿海排水口底高设计规范、沿海防护林建设设计规范、沿海防护林监测规范、沿海防护林维护规范、沿海地区海水倒灌应急处理技术规范、海岸堤坝设计规范、海岸堤坝监测规程、海平面变化影响评估技术导则、海平面公报编制技术指南、沿海地区地下空洞海水回灌方法等标准和规范。

8.4.6　加强海岸带适应气候变化的综合研究

应用多种科学手段、集成多个学科开展海岸带适应气候变化的综合研究。开展海气相互作用调查研究,深化海气相互作用的认识。开展海平面变化趋势的检测与归因研究,海平面的短期,中期,长期变化预测研究,提高海平面上升预测能力。建立海平面上升对典型海洋生态系统影响评价指标体系和评价方法,加强对海平面上升各类影响协同作用的研究,建立海平面上升影响评价系统。加强气候变化背景下的海洋灾害损失评估研究。积极参与全球气候变化、海平面上升影响评估的国际合作与交流,及时了解国内外的科学技术信息,掌握国际的最新成果。

第9章　农业

9.1　华南区域农业概况

华南区域（广东、广西、海南）三省（区）地处我国大陆南端，属热带、亚热带季风气候。全年暖热，雨量充沛，干湿季节明显，年平均温度 16.0～26.0℃，年平均降雨量 1400～2400 mm，三省（区）热带土地面积占全国热带土地面积的近 50%，素有"天然大温室"之美誉，是发展热带高效农业和冬季农业的黄金场所。生物物种丰富，是全国生物多样性最重要的地区，许多物种资源为华南特有，独特的资源禀赋和优越的生产条件使华南农业在全国具有"人无我有、人有我优"的优势。华南农业在全国的地位不可替代，是我国重要的冬季瓜菜和热带水果生产基地、天然橡胶生产基地、海洋渔业基地和农作物种子南繁基地。以海南省为例，2008 年全省瓜果菜 704 万 t，其中 470 万 t 出岛，产品畅销全国 170 多个大中城市。橡胶干胶产量近 30 万 t，占全国总产量的 50% 以上，胡椒、椰子、槟榔等产量占全国的 90% 以上。水产品产量 149 万 t，出口 4.9 亿美元。全国每年到海南南繁的技术人员近 5000 多人，我国生产上大面积推广的杂交玉米、杂交水稻和瓜菜品种，有 80% 经过南繁加代选育，常年南繁面积近 9 千 hm²，可提供商品种子 2600 万 kg，可增产粮食 15 亿 kg，为我国粮食安全做出重大贡献。2008 年，区域内三省（区）共有耕地面积 778.66 万 hm²，人口 15458.18 万人，人均耕地 0.05 hm²，其中广东人均耕地不足 0.03 hm²，广西、海南人均耕地 0.08 hm² 以上。华南区域农业生产中存在的主要问题有：（1）农业生产面临着耕地面积不断减少的严峻挑战。（2）基础设施薄弱，抗灾减灾能力偏低的状况没有得到根本改变。（2）农村劳动力素质偏低，就业不充分，制约着农民增收。（3）农业资金供求矛盾突出。（4）地区、城乡经济发展不平衡的问题突出。（5）农业农村经济发展仍面临着一些深层次的体制矛盾制约。

9.2　观测到的气候变化对农业的影响

9.2.1　农业气候资源的变化

≥10℃积温。≥10℃积温是衡量作物生长热量资源的重要标志。1960 年至 2008 年，华南区域≥10℃的积温呈明显上升趋势，上升速率为 71℃·d/10 a（图 9.1）。进一步分析表明，1981—2008 年≥10℃积温平均为 7697℃·d，较 1960—1980 年增加了 150℃·d，其中，广东珠三角地区和潮汕一带增加达 300～400℃·d，海南增加 150～250℃·d，广西和广东北部增加 150℃·d 以下（图 9.2）。

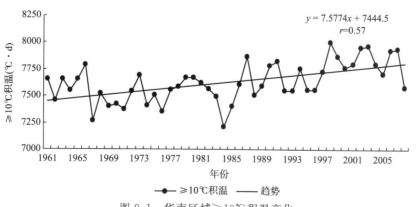

$y = 7.5774x + 7444.5$
$r = 0.57$

图 9.1　华南区域≥10℃积温变化

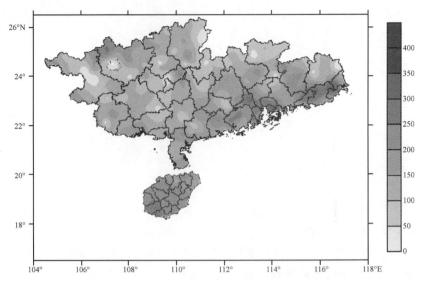

图 9.2 1981—2008 年与 1960—1980 年≥10℃积温差值空间分布(单位:℃·d)

作物生育期降水和日照时数。1961—2009 年,广东省早稻生育期降水量呈不显著的增加趋势(图 9.3),而日照时数呈显著的下降趋势(图 9.4)。1997—2009 年早稻生长季总降水量较 1961—1996 年增加了 60 mm,相当于生育期间总降水量的 5%。1997—2009 年早稻生长季日照时数较 1961—1996 年减少 11 h。

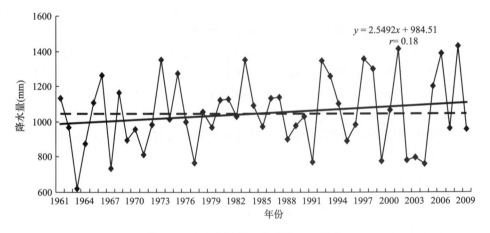

图 9.3 广东省早稻生长季降水量变化

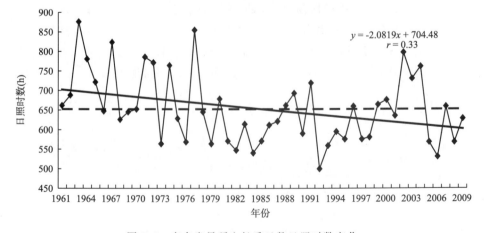

图 9.4 广东省早稻生长季日数日照时数变化

9.2.2 农业气象灾害的变化

春季低温阴雨。春季低温阴雨经常导致早稻播种期出现烂种烂秧。随着广东春季气候变暖加剧,春季低温阴雨总日数明显减少,结束期提前。广东全省春季低温阴雨天气过程平均结束日期1997—2009年较1961—1996年提前12 d,总日数减少4 d。这种变化在广东各地有较大差别,南部地区春季低温阴雨天气过程结束日期提前15~20 d,总日数减少4~8 d;中部和北部提前5 d左右,总日数减少3~5 d。(图9.5、图9.6)(陈新光等,2010)。

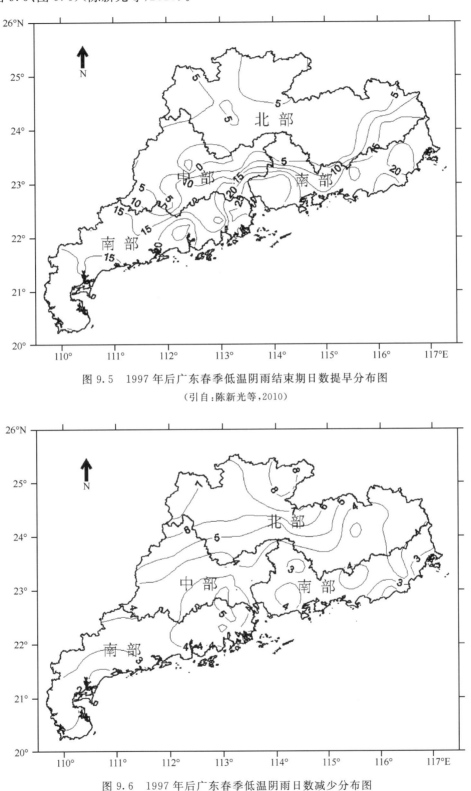

图9.5 1997年后广东春季低温阴雨结束期日数提早分布图

(引自:陈新光等,2010)

图9.6 1997年后广东春季低温阴雨日数减少分布图

(引自:陈新光等,2010)

"龙舟水"期间降水集中期。每年5月下旬至6月中旬的端午节前后,是广东全年降水量的高峰期,当地俗称为"龙舟水"。"龙舟水"可影响早稻开花授粉。1961—2009年,"龙舟水"期间广东省降水集中期初日呈不显著的推迟趋势。20世纪60—80年代"龙舟水"期间的降水集中期初日呈现提早趋势,但进入 90 年代以后,降水集中期初日出现明显后移。从 1991—2009 年,"龙舟水"期间的降水集中期初日有 13 年出现在平均值以上,也就是 6 月 4 日以后。1997—2009 年,平均出现日期在 6 月 6 日以后,比 1961—1996 年平均值推迟了 5 d(图 9.7)(陈新光等,2010)。

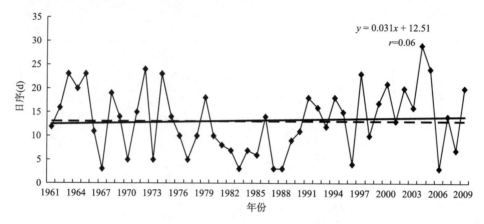

图 9.7 "龙舟水"期间广东省降水集中期初日变化
(引自:陈新光等,2010)

"五月寒"。"五月寒"是早稻播期提前的限制因子之一。1961—2009 年广东省平均日最低气温稳定通过 17℃初日呈不显著的提早趋势(图 9.8),说明在气候变暖的背景下,"五月寒"出现的概率和影响的范围越来越小(陈新光等,2010)。

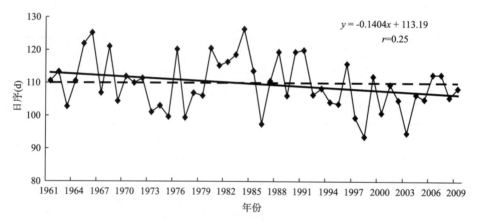

图 9.8 全省日最低气温稳定通过 17℃的初日变化图
(引自:陈新光等,2010)

寒露风。寒露风是在秋季"寒露"节气前后,北方冷空气侵入引起显著降温使华南地区晚稻减产的一种低温冷害。1961—2009 年,华南区域寒露风平均初日呈不显著的推迟趋势(图 9.9a),1981—2008 年寒露风初日均值较 1961—1980 年推后 2 d。寒露风总日数呈不显著的减少趋势(图 9.9b)。

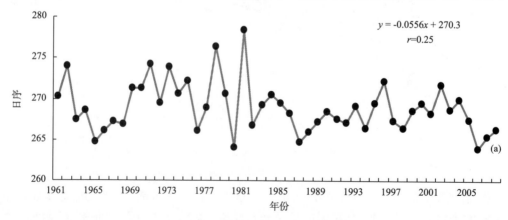

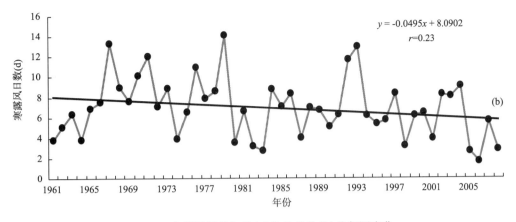

图 9.9　寒露风平均初日(a)和总日数(b)的年际变化

霜降风。霜降风是指在霜降节气前后的一种低温灾害。它的出现,对正处于灌浆结实时期的晚稻危害较大。霜降风平均初日年际间变化较大,但没有趋势性变化(图 9.10a)。1981—2008 年霜降风初日均值较 1960—1980 年变化不大。霜降风总日数趋势性变化也不明显(图 9.10b)。

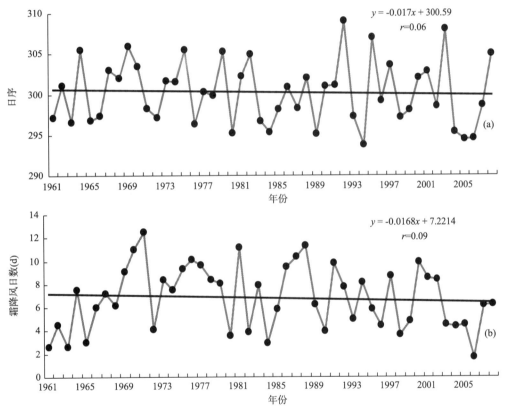

图 9.10　霜降风平均初日(a)和总日数(b)的年际变化

9.2.3　生物物候期的变化

根据广东 10 个农业气象观测站的物候观测资料,对 1982—1989 年与 1990—2004 年两个时段的春季物候平均值差异进行了对比,结果表明,苦楝始花、木棉展叶日期均有所提前,平均提前 2~12 d,广东省北部和中部地区物候期提前天数多于东南沿海地区和西南部地区(表 9.1)(黄珍珠和李春梅,2007)。

表 9.1　广东省 10 个站 90 年代前后春季物候期平均值变化

站点	物候期差异(d)	所选物候期
曲江	−7	苦楝始花
梅县	−12	苦楝始花
高要	−6	苦楝始花、木棉展叶

续表

站点	物候期差异(d)	所选物候期
从化	−10	苦楝始花、木棉展叶
潮州	−5	苦楝始花、木棉展叶
信宜	−3	苦楝始花
中山	−9	苦楝始花、木棉展叶
陆丰	−2	苦楝始花、木棉展叶
徐闻	−5	苦楝始花
河源	−3	苦楝始花

注:"+"表示物候期推迟,"−"表示物候期提前

1990—2008年,广西桂林市家燕始见期稳定,绝见期显著推迟,始、绝见间隔期明显延长。1997—2007年,广西北部地区蟋蟀和青蛙始鸣日呈提前趋势,终鸣日期稳定,始终鸣间隔期及生长繁殖季显著延长(李世忠等,2009;2010)。

9.2.4 龙眼、柑橘气候适宜度的变化

华南区域冬季的显著升温会导致南部地区龙眼暖害的增加,北部地区寒害的减轻,从而使南部龙眼温度适宜度下降,北部龙眼温度适宜度上升。根据1960—2005年龙眼温度适宜度变化趋势,将华南区域龙眼温度适宜度变化划为强下降型、次强下降型、弱下降型和上升型4种类型。除广西西部局部地区龙眼温度适宜度表现为上升型外,广东、广西、海南的绝大部分地区均表现为下降。其中,广东省的雷州半岛、海南省为强下降型,温度适宜度变化速率为−0.010/10 a,广西中部和南部、广东省中部和南部为次强下降型,温度适宜度变化速率在−0.005/10 a~−0.010/10 a,广西西部和北部、广东省的北部为弱下降型,温度适宜度变化速率在0~−0.005/10 a之间(图9.11)(段海来等,2008)。

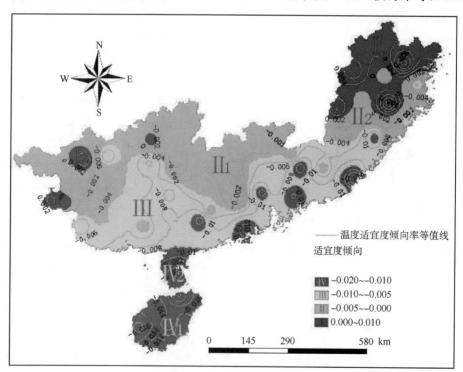

图9.11 华南地区龙眼温度适宜度变化趋势分类

1961—2005年,华南区域中亚热带地区柑橘全生育期,温度适宜度以0.003/10 a的速率上升,降水适宜度变化不明显,日照适宜度以−0.014/10 a速率下降,综合气候适宜度以−0.005/10 a的速率下降。南亚热带地区柑橘全生育期,温度、降水和日照的适宜度均呈下降趋势,下降速率分别为−0.003/10 a、−0.003/10 a、−0.011/10 a,综合气候适宜度以−0.005/10 a的速率下降(图9.12、图9.13)(段海来等,2010)。

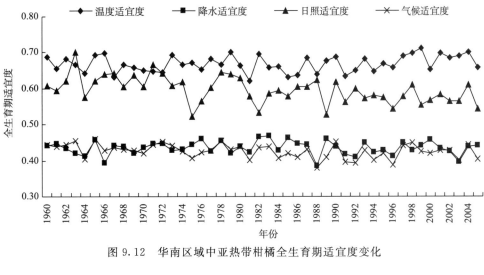

图 9.12　华南区域中亚热带柑橘全生育期适宜度变化

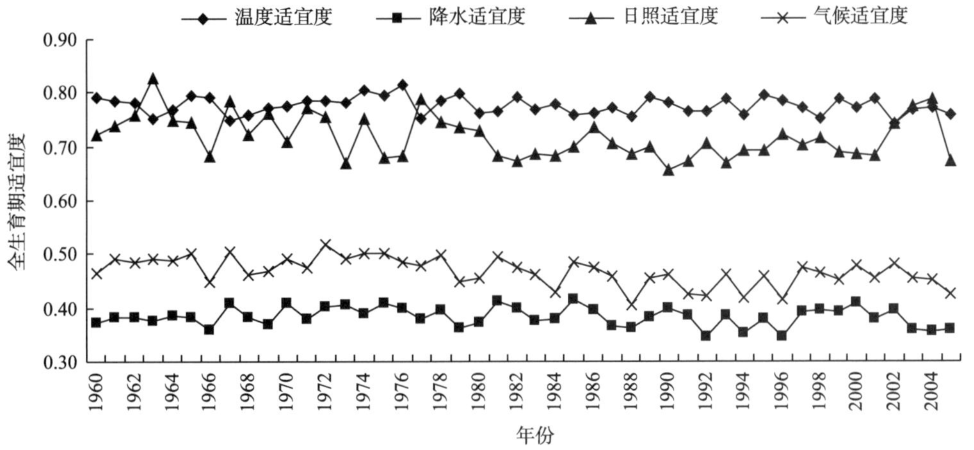

图 9.13　华南区域南亚热带柑橘全生育期适宜度变化

9.2.5　作物生育期和产量的变化

华南区域水稻大部分采用感温型品种,所以,虽然不同品种之间有所差异,但气温的升高均导致了水稻生育期的缩短。全生育期(播种—成熟)日平均气温每升高 1℃,玉香油占生育期缩短 5.9 d,天优 998 生育期缩短 5.3 d,天优 428 生育期缩短 4.5 d。以上相关系数 r 均通过 0.05 水平显著性检验(图 9.14)(陈新光等,2010)。

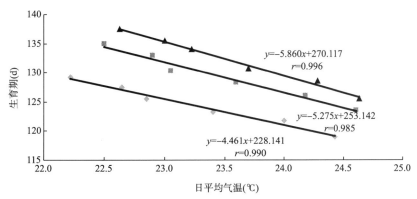

图 9.14　日平均气温与早稻不同品种全生育期天数的关系
◆天优 428　■天优 998　▲玉香油占；——趋势(引自陈新光等,2010)

对某一年来说,作物单产主要受农业生产技术水平、社会因素、气象因素共同影响。苏永秀(2000)采用趋势分离的方法分析了三种因素对粮食单产波动的影响大小。结果表明,农业生产技术水平、社会因素和气象条件对广西粮食单产年际变化的平均相对影响分别为 20％～33％、10％～13％、57％～

67%(表9.2),即气象条件的影响比其他两因素都要大,占整个变化的1/2至2/3。对不同的作物,计算结果都比较接近。

表 9.2 各因素对粮食单产年际变化的平均相对影响(%)

作物	技术水平	社会因素	气象条件
粮食	31.9	10.5	57.6
稻谷	32.7	10.0	57.3
玉米	20.8	12.2	67.0

(引自苏永秀,2000)

9.2.6 复种指数和病虫害的变化

应用多时相 NOAA/AVHRR 遥感数据的分析表明,从20世纪80年代初至90年代末的20年间,华南区域复种指数增加了5.6%,有47%的耕地复种指数增加,但31%的耕地复种指数降低。降低主要发生在珠江三角洲地区和桂西南地区,尤其在珠江三角洲地区复种指数普遍降低(闫慧敏等,2005)。从农业统计资料来看,广东、广西、海南三省(区)复种指数总体均呈增加趋势,表明受气候变暖的影响,人类活动对土地利用的强度不断加大,但进入21世纪后增速放缓,甚至明显下降(图9.15)。

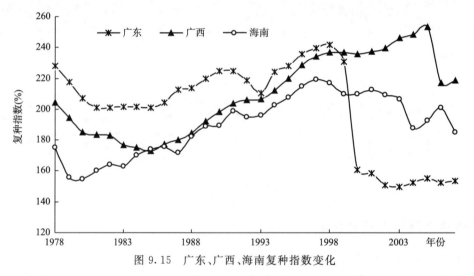

图 9.15 广东、广西、海南复种指数变化

华南区域病虫害发生面积呈上升趋势。稻飞虱已成为影响广东水稻稳产、高产最主要的害虫(郑森强和梁建茵,1998),二化螟已成为广东北部、东部地区水稻主要钻蛀性螟虫种类(钟宝玉等,2007)。广西蔬菜病虫害的发生面积1950年仅为0.3万 hm²,1999年增加到69.2万 hm²。目前,广西南宁市蔬菜主要病虫害发生种类386种,比80年代多了近1倍(黄军军和兰雪琼,2002)。海南省病虫害发生面积平均每年以3.16万 hm²的速率上升,平均每年病虫害发生面积20世纪80年代为24万 hm²,20世纪90年代上升到48万 hm²,2001—2007年,平均每年病虫害发生面积上升到85万 hm²(图9.16)。

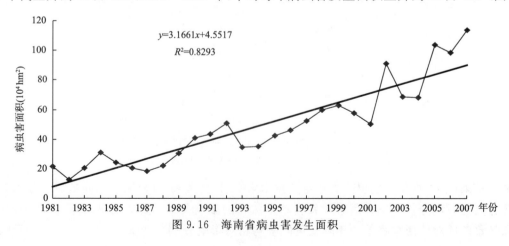

图 9.16 海南省病虫害发生面积

9.2.7　气候带的变化

1997 年以前,广东省的气候带分布基本稳定,面积最大的是南亚热带区,约占全省陆地面积的3/4。南亚热带北界通过怀集、英德、龙门、兴宁、蕉岭等市(县),中亚热带区域有 16 个市(县),北热带区只有大陆最南端的徐闻县。1998 年以后,气候带有加速北移趋向。1998 年北热带增加了电白县;1999 年北热带增加了吴川县和湛江市区,南亚热带增加了紫金县;2000 年北热带增加了茂名市区,2001—2004年气候带变化不大(图 9.17)(陈新光等,2006)。

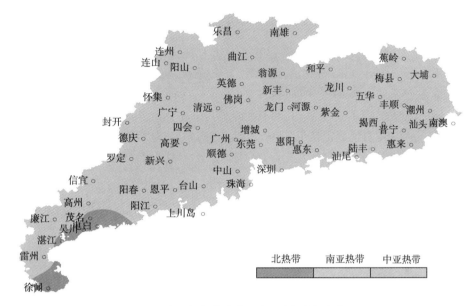

图 9.17　广东省气候带分布现状(引自陈新光等,2006)

9.3　未来气候变化对农业的可能影响

9.3.1　对农业气候资源的可能影响

在未来 CO_2 倍增、年平均气温升高 2.3℃的可能情景下,广东≥10℃的持续日数将增加 1～61 d,达到 324～365 d。≥10℃积温将增加 901～1374 ℃·d,平均增加 16%;广西≥10℃的持续日数将增加 5～50 d,达到 291～365 d;≥10℃积温增加 941～1275 ℃·d,约平均增加 14%(杜尧东等,2004;黄梅丽等,2008)。

9.3.2　对农业气象灾害的可能影响

随着气候变暖,未来各种天气系统的活动可能更强烈、更频繁,高温、洪涝、干旱、寒害等灾害发生的频率和强度可能增加。温度升高,高温热害将更加严重,目前高温胁迫的热害已经限制了华南区域玉米、大豆等的种植和产量,水稻的生育也受到强烈抑制。降水量和降水变率的增加意味着洪涝出现的概率将增大;而温度的升高,又会造成蒸发量的增大,一旦蒸发增量大于降水增量时,便会出现干旱。迄今,许多研究者基本上是以年(月)的平均气温为主要指标来讨论气候的"变暖"或"变冷"。然而,平均值往往掩盖特殊情况,特别是对农业而言,作物生长发育关键时段关键因子的影响更为重要,而平均值往往无法揭示这种影响的本质。20 世纪 90 年代的 4 次低温和 2008 年的低温雨雪冰冻灾害,造成华南区域果树和鱼类大量死亡,农业损失巨大。表明在全球气候变暖的大趋势下,并不意味着冬季没有剧烈的短时降温,需要特别警惕这类"极端气候事件"的出现(杜尧东等,2004)。

9.3.3　对生物物候期的可能影响

3 月平均最高气温是影响广西北部地区青蛙始鸣期和始终鸣间隔期的关键气候因子,3 月平均最高气温升高 1℃,青蛙的始鸣期提前约 10.6 d,始终鸣间隔期延长约 11.2 d。2—4 月平均气温是影响广西北部地区蟋蟀始鸣期和始终鸣间隔期的关键气候因子。2—4 月平均气温上升 1℃,蟋蟀的始鸣期提前约 15.4 d,始终鸣间隔期延长约 11.3 d。在未来 CO_2 倍增情景下,广西春季平均气温将升高 2.0℃(气候变化国家评估报告编写委员会,2007),把这一温度升高值近似地看做 2—4 月平均气温升高值,考虑到最高气温升高速率低于平均气温,3 月平均最高气温的升温取 1.5℃。那么,在未来 CO_2 倍增情景下,青蛙的始鸣期提前约 16 d,始终鸣间隔期延长约 17 d。蟋蟀的始鸣期将提前约 30 d,始终鸣间隔期延长约 22 d(李世忠等,2010)。

9.3.4 对作物气候适宜度的可能影响

在 SRES A2 情景下,华南区域柑橘气候适宜度变化大致呈纬度地带性分布,随着纬度的升高其气候适宜度变化由下降变为上升,可以分为强下降型、弱下降型、弱上升型和强上升型 4 种类型;基本上以温州—金华—浦城—乐平—英山—武汉—石门—吉首—武冈—通道—独山—望谟—广南—屏边—澜沧一线为界,其南气候适宜度有所下降,其北有所上升(图 9.18)。其中,广东省南部、广西壮族自治区东南部属强下降型,气候变化对该区柑橘生长产生强负效应,未来柑橘种植将趋于不利;广东省北部、广西壮族自治区北部和西部属弱下降型,气候变化对该区柑橘生长产生弱负效应(杜尧东和段海来,2010)。

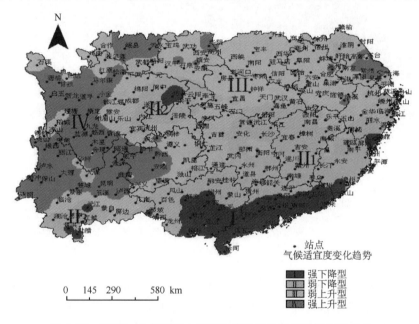

图 9.18 SRES A2 情景下中国亚热带地区柑橘气候适宜度变化

根据区域气候模式 RegCM3 单向嵌套日本 CCSR/NIES/FRCGC 的 MIRoC3.2_hires 全球模式输出的 SRES A1B 情景下的数据,应用水稻气候适宜度模型,对华南地区水稻的温度适宜度变化进行了预估研究。结果表明,华南地区早稻温度适宜度总体呈上升趋势,秧苗期、分蘖期、拔节孕穗期和抽穗开花期温度适宜度均呈上升趋势,但灌浆成熟期则呈下降趋势,特别是 2050 年后,灌浆成熟期适宜度不仅大幅下降,而且年际间波动剧烈(图 9.19)。

9.3.5 对作物生育期和产量的可能影响

温度升高,将加快水稻的生育速度,缩短生育期,减少光合作用积累干物质的时间,虽然 CO_2 浓度升高有一定的肥效作用,但是如不采用新的改良品种的话,华南区域的水稻产量将会下降。模式预估表明,增加温度,华南区域水稻产量呈下降趋势,随着温度增加,产量下降幅度越大。在 0.9℃、1.5℃、2℃、2.6℃、3.9℃等 5 个升温情景下,海口水稻产量将下降 13.1%~47.2%,高温对水稻产量将产生较大的负面影响。2071—2090 年,SRES A2 情景下产量概率分布曲线大部分分布在基准年的上方,表明 A2 气候变化情景带来正面影响年份多,从多年平均来看,产量将增加 2.3%。SRES B2 情景下,75% 产量水平出现的概率相对于基准年减少,而 25% 产量水平出现的概率相对于基准年增加,表明气候变化增加了个极端产量(高产或低产)的概率,产量分布趋于两极化,从多年平均来看,产量将下降－7.1%(姚凤梅等,2007)。

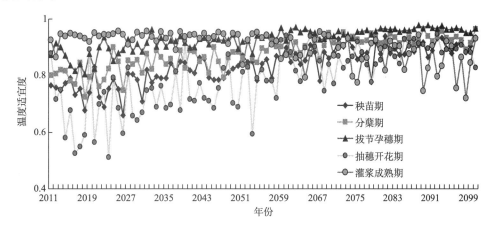

图 9.19　未来华南地区早稻主要生育期温度适宜度变化

9.3.6　对病虫草害的可能影响

随着气候变暖,各种虫害将可能激增,因为高温为它们的生长和繁殖提供了更优越的温床。据研究,气候变暖后,在 18°～27°N 黏虫冬季繁殖气候区,黏虫繁殖将由 6～8 代增加到 7～9 代。在北纬 18°30′～21°稻飞虱适宜繁殖气候区,稻飞虱年发生代数由 9～11 代增加到 10～11 代;在北纬 21～23°,将由常年稻飞虱越冬气候区变为适宜繁殖气候区,发生代数由 7～8 代增加为 8～11 代(李淑华,1994)。气候变暖的幅度是随纬度增加的,这将导致南北温差减小,使夏季风较当前相对加强,秋季副热带高压减弱东撤的速度将相对缓慢。大气环流的改变也会影响害虫的迁飞和风播病原的扩散。在高温条件下,由于作物生育期缩短,有可能改变病害感染的方式,因为作物、杂草和病害之间的互作关系会以不同的方式对气候变暖作出反应。气候变暖还会改变作物和畜禽病原体的地理分布,目前局限在热带的病原和寄生组织将会蔓延到亚热带地区(杜尧东等,2004)。

9.3.7　对气候带和作物、品种布局的可能影响

由于热量增加、气候带北移,2050 年前后广东省雷州半岛南部由北热带升级为中热带,阳西以东沿海由目前的南亚热带升级为北热带,中亚热带只剩下西北部的连南、连州和连山(图 9.20)(陈新光等,2006)。

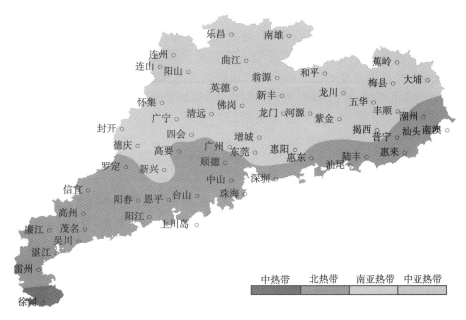

图 9.20　2050 年广东省气候带分布展望(引自陈新光等,2006)

在全球气候变暖的背景下,广东北热带和南亚热带地区水稻两造将可种植典型迟熟品种,中亚热带地区水稻两造可种植中(迟)熟品种,北部高海拔山区将有可能种植双季稻。未来气候变暖尤其是冬季温度的升高,将不利于荔枝、龙眼的花芽分化。这样广东中、南部将不得不种植荔枝、龙眼的早熟品种。荔枝、龙眼、香蕉、芒果等水果种植的海拔高度将普遍提高(杜尧东等,2004)。

9.4　农业防范和适应气候变化的对策与建议

9.4.1　把适应气候变化作为农业领域应对气候变化的优先战略

在全球气候变暖背景下,农业的敏感性和脆弱性最大,对于经济发展极不平衡的华南来说,农业如何适应已经变暖了的气候显得更为重要。目前,对减缓气候变化特别是减少温室气体排放特别重视,对如何适应考虑得太少,不少人把应对气候变化简单地等同于减少温室气体排放,而没有意识到如何去适应气候变化,这种状况必须得到根本改变。

9.4.2　继续加强农业基础设施建设

加强农田基本建设,改进现有基础设施,加强水土保持、小流域治理等生态环境保护工程建设,因地制宜发展各种微水工程,建设或改建一批中小型水库及一批大型蓄水工程,调剂季节性或年际间降水余缺,提高农业应变能力,大力发展防护林、水源涵养林,调节区域气候,营造绿色水库,减少水土流失,沿海地区要兴建海堤、海闸,加强基础防潮设施的建设,不断提高农业对气候变化的应变能力和抗灾减灾水平。

9.4.3　培育和选择抗逆性品种

气候变化将会对作物品种特性提出新的要求。首先是对一作物的抗逆性要求:耐高温、耐干旱、抗病虫害,以应对气候变暖和干旱的影响;抗紫外线,特别增强对 UV-B 的抗性;耐盐碱,即使在海平面升高,沿海滩涂盐碱加重时也不影响对滩涂盐碱地的开发利用。其次是对作物的生理特性要求:高光合效能和低呼吸消耗,即使在生育期缩短的情况下也能取得高产优质;对一光周期不敏感,即使在种植界线北移时也不因日照条件的变化而影响产量。另外由于年内各季气候条件的组合状况不同,对各种作物的利弊程度也不同,因此应按各年型频率来确定农业战略。气候变化后,仍应考虑年型差异,选择最优品种组合。

9.4.4　改进农业技术措施,提高防灾抗灾能力

改善灌溉系统和灌溉技术,推行畦灌、喷灌、滴灌和管道灌,加强用水管理、实行科学灌溉;改进抗旱措施,推行农业化学抗旱,即用保水剂作种子包衣和幼苗根部涂层,在播种和移栽后对土壤喷洒土壤结构改良剂,用抗旱剂和抑制蒸发剂喷施植物和水面以减少蒸腾和蒸发;改良覆盖栽培技术,用秸秆覆盖免耕法以减少风蚀和提高地力,用薄膜覆盖抑制蒸发、提高地温、抑制杂草病虫等,监测作物病、虫、草害及畜禽疾病的变化趋势,采用综合治理和高效低毒农药,并结合抗性品种、栽培技术、生物防治等进行有效治理。

9.4.5　提高复种指数,适当调整播期

气候变暖将使华南有效积温增加,作物生长期延长,生育进程加快,有利于提高复种指数。多元化种植结构是未来华南种植业发展的必然趋势。此外,在作物茬口和气象条件等因素允许的情况下,调整作物播期可以改变作物生育期内的温光水配置,使作物生长过程趋利避害。广东早稻播期适当提前,晚稻播期适当推迟,将有可能增加一季蔬菜的种植。

9.4.6　调整种植结构

在冬季变暖背景下,应充分利用冬季气候资源,大力发展冬季农业;冬种可由马铃薯、绿肥、反季节

瓜果、蔬菜、蚕豆、紫云英等进行年际间的轮作,使耕地用养结合。压缩水稻,扩大蔬菜和水果面积,以加大供应北方冬季和早春淡季果蔬,提高资源利用效率;为避免极端寒害,使热带、亚热带作物适度北移,应在北移地区营造防护林和采取覆盖、培土等应急防寒措施。

9.4.7 加强农业灾害性天气的预测预报及预防

气候变化在一定程度上加剧了极端天气气候灾害的发生,频率、强度、范围都有可能增加和扩大。随着华南各省(区)农业结构的调整,农业对极端天气气候灾害也更加敏感,灾害影响程度也随之增加。为保障农业稳产高产,必须重视防御极端天气气候灾害,尤其是要做好防大灾、巨灾的准备,加强农业灾害性天气的预测预报及预防工作,真正提高防灾减灾意识,增加农业科技、资金等方面的投入,建设诸如气候变化和气象灾害自动监测预警系统,完善防灾体系,提高防抗灾的能力。

第 10 章 水资源

10.1 华南区域水资源概况

华南区域雨量丰沛,河网纵横,水资源极其丰富。多年平均(1956—2000 年)水资源总量 4038 亿 m^3,其中地表水资源总量 3528 亿 m^3,地下水资源总量 994 亿 m^3,水资源时空分布不均,基本上呈"山区多于平原,沿海多于内陆"的特点,区域内有我国第三大河流珠江流入,境内还有韩江、榕江、漠阳江、鉴江、南渡河、潭江、南流江、钦江、北仑河、大风江、南渡江、昌化江、万泉河等主要河流。华南区域水资源开发利用存在的主要问题有:(1)水资源时空分布不均。汛期降雨径流占全年的 70%～85%,主要以洪水的形式出现;枯水期易出现旱情;各区域自然分布的水资源与各行政区的需水量不一致。(2)水资源开发利用难度大。区域内的广西、广东北部山区,地表岩溶发育,土层薄,保水性差,加之人口、耕地分散,水资源开发难度大,工程性缺水问题突出。(3)水污染加重。部分水域水质污染严重,水质性缺水日益成为区域内的广东省亟待解决的问题。(4)用水量持续增长,用水效率低。近年来,区域内各省(区)用水量持续增长,但水资源利用效率和效益仍处于较低的水平。农业灌溉水利用系数不足 0.5,工业用水重复利用率不足 50%,平均单方水 GDP 产出约为全国的 80%,万元工业增加值用水量是全国平均水平的 1.5 倍。

10.2 观测到的气候变化对水资源数量的影响

10.2.1 珠江流域降水变化

珠江是我国七大江河之一,流域面积 44.2 万 km^2,分布于云南、贵州、广西、广东、湖南、江西等 6 个省(区)。1961—2010 年,珠江流域年降水量呈微弱下降趋势(−0.14%/10a),并有显著的年代际变化。20 世纪 60 年代、80 年代、21 世纪初期降水偏少,20 世纪 70 年代、90 年代降水偏多(图 10.1)。主要由西江、北江、东江三大支流所组成。1961—2008 年,北江流域平均年降雨量距平百分率呈微弱下降趋势,下降速率为−0.14%/10 a,西江、北江呈微弱上升趋势,上升速率均为+0.04%/10 a。自 20 世纪 80 年代以来,各流域年降雨量平均值变化程度都很小,其相对常年变化率都在±3.0%以内;20 世纪 80 年代以来,各流域年降雨量年际振荡剧烈,变异系数 Cv 值变化较大,各流域年降雨量的 Cv 值呈增加趋势,特别是 90 年代以来,年降雨量的 Cv 值增加趋势更明显,各流域年降雨量的 Cv 值相对常年增加率都超过 5.0%(表 10.1)。

表 10.1 珠江流域不同年段平均年降雨量参数及其变化情况

流域	年降雨量平均值					年降雨量的 Cv 值				
	常年值	1980—2008	1990—2008	相对变化率(%)		常年值	1980—2008	1990—2008	相对变化率(%)	
				1980—2008	1990—2008				1980—2008	1990—2008
西江	1577	1579	1562	0.10	−0.92	0.145	0.154	0.158	6.38	8.90
北江	1785	1786	1800	0.06	0.86	0.155	0.151	0.163	−2.34	5.28
东江	1751	1749	1732	−0.12	−1.08	0.166	0.167	0.183	0.88	10.68

注:(1)表中"常年值"是指 1956—2000 年平均值;(2)表中"相对变化率"是指相对常年值的变化率。

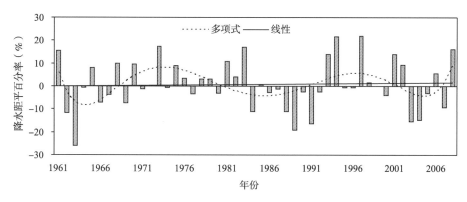

图 10.1　珠江流域 1961—2018 年年降水量距平百分率变化

进一步分析发现,各流域汛期降雨量均呈微弱上升趋势,西江、北江、东江上升速率分别为 +16.0 mm/10 a、+12.8 mm/10 a、+26.8 mm/10 a,非汛期降雨量均呈微弱下降趋势,西江、北江、东江下降速率分别为 −14.7 mm/10 a、−12.9 mm/10 a、−6.1 mm/10 a。各流域平均最大与最小年降雨量比值最大的是东江流域,比值达 2.40,最小是西江流域,比值为 1.75(表 10.2)。西江流域降雨量偏多年份数与偏少年份数相等,北江、东江降雨量偏多年份数多于降雨量偏少年份数(表 10.3)。自 1990 年代以来,各流域代表站降雨集中指数呈略微增大趋势,这说明各流域降雨年内分配不均匀性逐渐增强(表 10.4)。

表 10.2　珠江流域平均年降雨量丰枯极值情况

流域	年降雨量 (mm)	最大		年降雨量 (mm)	最小		最大值/ 最小值
		出现年份	与常年比		出现年份	比常年比	
西江	2047	2008 年	+29.8%	1172	1977 年	−25.7%	1.75
北江	2431	1973 年	+36.2%	1275	1991 年	−28.6%	1.91
东江	2389	1983 年	+36.5%	996	1963 年	−43.1%	2.40

表 10.3　珠江流域不同降雨量年型出现年份情况

流域	不同降雨量年型出现年份			
	异常偏多	明显偏多	明显偏少	异常偏少
西江		1957,1961,1973,1981,1983,1997,2008	1956,1958,1963,1977,1991,2003,2004	
北江		1957,1961,1973,1975,1983,1994,1997,2006	1956,1958,1963,1989,1991,2003,2004	
东江		1957,1959,1973,1975,1983,1997,2006	1956,1958,1991,2004	1963

注:异常偏多是指距平百分率≥40.0%,异常偏少是指距平百分率≤−40.0%;明显偏多是指距平百分率在 20.0%～40.0% 之间,明显偏少是指距平百分率在 −40.0%～−20.0% 之间。

表 10.4　珠江流域雨量代表站不同年段降雨集中指数(PCI)

流域	雨量站	年代降雨集中指数 PCI				
		1960	1970	1980	1990	2000
西江	高要	12.2	12.9	11.3	11.6	12.7
北江	石角	12.1	13.1	12.2	11.6	13.4
东江	河源	15.1	12.9	12.3	12.0	14.4

10.2.2　珠江流域水面蒸发变化

采用气象部门 20 cm 口径蒸发皿长期观测的年水面蒸发量资料分析,1980—2008 年系列多年平均年水面蒸发量普遍小于 1979 年以前的系列多年平均年水面蒸发量。西江、北江、东江减小程度分别为 −6.56%、−3.64%、−6.51%(表 10.5)。可见,珠江流域蒸发能力 1980 年以后发生了较大的变化,年蒸发能力普遍变小,这与全国及主要流域水面蒸发普遍变小的结论一致(任国玉和郭军,2006)。

应该指出,蒸散量是比蒸发量更全面的评价指标。植被地段的蒸发和蒸腾统称为蒸散。潜在蒸散量是实际蒸散量的理论上限,通常也是计算实际蒸散量的基础,应用广泛。1956—2000 年,珠江流域年潜在蒸散量变化速率为−1.57 mm/a,45 年共减少 70.65 mm,相对变化量为−6.9%。减少趋势通过了 0.01 的显著性检验。珠江流域平均年潜在蒸散量的减少趋势主要是由于春季、夏季明显减少造成的。春季、夏季的变化速率分别为−0.6 mm/a 和−0.46 mm/a,秋季、冬季的变化速率分别为−0.3 mm/a和−0.23 mm/a(高歌等,2006)。

表 10.5　珠江流域水面蒸发量变化情况

河流	$E_{\not{\phi}20}$水面蒸发量均值(mm)		均值相对差(%)
	1980 年以前	1980—2008 年	
西江	1524	1424	−6.56
北江	1513	1458	−3.64
东江	1630	1524	−6.51

10.2.3　珠江流域径流变化

1956—2008 年,各流域年径流量都呈波动变化且略微上升趋势,西江、北江和东江上升速率分别为 4.89 亿 m³/10 a、4.43 亿 m³/10 a 和 2.0 亿 m³/10 a。

近 53 年来,各流域年径流量变化和极值情况见表 10.6。可以看出:各流域最大年径流量较常年偏多 59.7%~71.7%,最小年径流量较常年偏少 51.8%~73.2%。

自 20 世纪 80 年代以来,各流域不同年段平均年径流量相对常年变化很小,相对变化率基本在±5.0%以内,年径流量的 Cv 值相对常年有增有减,增减幅度比平均年径流量明显(表 10.7)。

表 10.6　珠江流域年径流量变化和极值情况

流域	径流变化(亿 m³/10 a)	最大			最小			最大/最小
		径流量(亿 m³)	与常年比	出现年份	径流量(亿 m³)	与常年比	出现年份	
西江	4.9	238.9	+59.7%	1983 年	72.1	−51.8%	1963 年	3.3
北江	4.4	824.8	+71.7%	1973 年	215.2	−55.2%	1963 年	3.8
东江	2.0	414.1	+70.0%	1983 年	65.2	−73.2%	1963 年	6.3

表 10.7　珠江流域不同年段平均年径流量及 Cv 值变化情况

流域	径流量(亿 m³)					径流量 Cv 值				
	常年	1980—2008	1990—2008	相对变化率(%)		常年	1980—2008	1990—2008	相对变化率(%)	
				1980—2008	1990—2008				1980—2008	1990—2008
西江	149.6	156.3	156.2	4.49	4.41	0.260	0.262	0.247	0.94	−5.09
北江	480.3	483.6	484.3	0.69	0.83	0.248	0.205	0.218	−17.24	−12.25
东江	243.6	244.6	243.4	0.44	−0.08	0.284	0.267	0.277	−6.14	−2.63

采用有序聚类法对各流域控制站实测年径流系列进行分析,结果发现,东江博罗站实测年径流量系列发生了变异(图 10.2),其他站实测年径流量系列都不存在变异。博罗站径流系列变异点出现在 2005 年,因为从 2005 年开始东江流域三大水库(枫树坝水库、新丰江水库和白盆珠水库)枯水期实行联合调度,显著改变了实测径流系列的一致性。

通过功率谱提取周期的方法对主要河流流域控制站年径流量进行分析计算,除了西江控制面积太大,变化规律不明显以外,北江、东江河流的年径流量丰枯周期变化规律基本一致,大致经过 10~14 年完成一次丰枯周期变化。这种规律的存在是有一定物理基础的,大约相当于太阳黑子活动周期(约为 11 年),它与气候要素变化及我国大范围旱涝灾害均有着密切的关系。

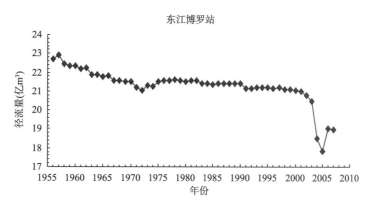

图 10.2　东江流域博罗站实测年径流量变异情况

10.2.4　人类活动对江河径流历史变化的影响

水文循环是气候系统中的重要组成部分,其中河川径流受气候因素的影响是非常直接和显著的。除此之外,河川径流变化还受人类活动等方面的影响。人类活动使流域下垫面发生变化,如农林垦殖、森林砍伐、水库大坝的兴建、水土保持生态工程、灌溉系统的运用、城市化等改变天然径流和蒸发的时空分布及地下含水层的补给条件,导致水文循环的变化,进而影响到河川径流的丰枯。人类活动对径流的影响可以分为直接影响和间接影响,直接影响是指随着经济和社会的发展,河道外引用消耗的水量不断增加,直接造成径流量的减少,间接影响是指由于工农业生产、基础设施建设等活动改变了流域的下垫面条件,造成径流量的减少或增加。虽然人类活动的范围是局部的,但是影响强度在某些地区却是很显著的。目前,迅速的经济发展和人口增长对水文循环已经产生了巨大的影响,致使人们在水文计算、流域规划、水资源评价等各个方面都不可避免地要考虑这种影响。

对北江流域控制站石角站 1956—2008 年实测径流的分析表明,实测径流存在缓慢上升的趋势,并在 1973 年前后发生了较大的改变。将 1956—1972 年作为基准期,利用降雨—径流关系,定量分析了人类活动对径流演变的作用。结果表明,人类活动直接影响促使北江流域径流减小,而人类活动间接影响又促使径流增加,两者总的影响结果使径流增加,1973—1980 年、1981—1990 年、1991—2008 年三个时段总的增加量分别为 $38.1×10^8$ m^3、$25.4×10^8$ m^3、$41.3×10^8$ m^3。随着人类活动规模的加大,人类活动的直接影响基本上是近 20 年来减小量更大,而人类活动的间接影响近 10 年来增加量更大。进一步分析表明,人类活动导致的水土流失增加和植被覆盖减少,是引起北江流域径流增加的主要原因(李艳等,2006)。

10.3　气候变化对水资源质量的影响

珠江口有八大入海口门,每年进潮量很大,在枯季潮水能深入至广州一带,使珠江的部分区域水氯度超过规定的含氯度及灌溉用水氯度,从而出现咸潮。珠江口的咸潮一般于 11 月出现,至次年 4 月初结束。据初步统计,珠江口常年受咸水影响的土地面积为 $4.6×10^4$ hm^2 左右(吕春花等,1996)。受气候变暖、降水不均、流域干旱等因素的影响,广东沿岸,特别是珠江三角洲地区咸潮活动越来越频繁、持续时间增加、上溯影响范围越来越大、强度趋于严重。

自 1989 年冬季以来,珠三角地区有 9 个冬季出现咸潮,咸潮上溯比常年增加 10～15 km,咸潮出现时间较常年早 15～20 d。近 20 年来珠三角地区曾发生过 5 次严重咸潮,其中 3 次发生在 2003、2004、2005 年。2003 年秋,珠江三角洲发生强咸潮入侵,广州市沙湾水厂氯化物含量最高值为 1225 mg/L(饮用水上限为 250 mg/L),中山市东、西两大主力水厂同时受到侵袭,氯化物含量达到 3500 mg/L,不得不采取低压供水措施,中山部分地区供水中断近 18 个小时。2004 年秋,大旱导致海水倒灌,咸潮持续超过 5 个月。珠海广昌泵站 9 月中旬即出现咸潮,比常年提早 1 个多月,氯化物含量达 7500 mg/L。中山市有 3 个自来水厂取水口的咸度分别达到 3300 mg/L、4100 mg/L 和 4569 mg/L,造成中山市城区曾一度采取低压供水和两次停水。至 2005 年 3 月底,广昌、挂定角取水点仍受咸潮影响。2005—2006

枯水期,珠江三角洲更是发生了历史罕见的强咸潮入侵,广昌泵站连续 38 d 全天超标。咸潮严重影响到广州、珠海、中山、东莞、江门以及香港、澳门等地的用水安全。而且严重影响早稻插秧,广州市番禺区全区早稻面积计划完成 4.33 千 hm²,同比减少 1.40 千 hm²,近 1/3 的稻田无法下插。2005 年、2006 年初,国家防总两次实施珠江压咸补淡应急调水工程,代价高昂。咸潮的影响已经从农业扩大到工业、城市生活、生态环境等,成为威胁珠三角地区用水安全的"心腹大患"。

　　图 10.3 为 2003、2004、2005 年连续 3 次咸潮入侵 250 mg/L 咸界最远位置示意图。从咸潮入侵的范围来看,3 次咸潮逐渐增强。表 10.8 为磨刀门水道广昌泵站、联石湾水闸、平岗泵站、西河水闸及鸡啼门水道黄杨泵站 2005—2006 年枯水期分旬每日平均超标历时。从表中可知,澳门、珠海供水系统淡水来源的广昌泵站枯水期平均每日超标历时近 20 h,咸潮影响的强度及历时前所未有。

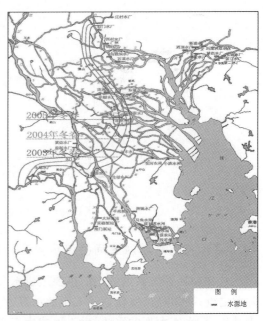

图 10.3　珠江三角洲近年咸潮入侵 250 mg/l 咸界线示意图(闻平,2006)

表 10.8　2005—2006 年枯水期分旬每日平均盐度超标历时统计(h)

月	旬	广昌泵站	联石湾水闸	平岗泵站	西河水闸	黄杨泵站
10 月	上旬	5.2	1.8	0.0	0.0	0.0
	中旬	11.1	1.8	0.0	0.0	0.0
	下旬	19.3	11.3	0.0	0.0	0.0
11 月	上旬	15.1	9.1	4.0	0.0	0.0
	中旬	21.1	11.5	0.0	0.0	0.0
	下旬	24.0	23.0	9.8	2.9	1.8
12 月	上旬	24.0	22.6	9.1	1.7	3.4
	中旬	24.0	24.0	19.3	9.8	14.4
	下旬	24.0	24.0	16.9	15.7	16.1
1 月	上旬	24.0	23.7	14.8	6.2	14.9
	中旬	24.0	17.5	13.0	3.6	18.9
	下旬	24.0	24.0	17.9	16.0	15.1
2 月	上旬	24.0	24.0	16.2	7.9	21.9
	中旬	24.0	24.0	18.1	1.7	13.7
	下旬	19.2	19.2	17.6	7.7	12.4
3 月	上旬	9.5	4.3	0.0	0.0	0.5
	中旬	15.7	7.9	0.0	0.0	0.0
	下旬	22.1	12.1	0.0	0.0	0.0
平均		19.7	15.9	8.7	4.1	7.4

　　注:本表数据来源于《保障澳门、珠海供水安全专项规划报告》(水利部珠江水利委员会,2006)

　　游大伟等(2009)分析了 1979/1980 年—2007/2008 年 29 个冬季各月西、北江冬季径流量距平(1961—1990 年平均)、海平面距平(以横门平均低潮位作代表)、表层盐度(1975—1986 年平均)的变化趋势。结果表明,此时期冬季西、北江入海径流量 12 月及 1 月呈波动变化,2 月有下降趋势,海平面及盐度呈上升趋势。据此认为,海平面上升是加大咸潮影响的重要因素。

10.4　未来气候变化对水文水资源的可能影响

10.4.1　对地表水资源的可能影响

　　当前,对气候系统自然演变和人为因素强迫下的响应机理尚缺乏充分认识,对主要江河径流量的预估还存在着不确定性。

任国玉等(2008)利用径流对降水变化响应的敏感程度或弹性系数及全球气候模式模拟结果,预计21世纪中期和后期,在人类活动引起的全球气候继续变暖情况下,珠江流域径流量可能增加5%~10%。

张建云等(2007)根据英国 Hadley 中心 PRECIS 模型预估的未来 100 年温度、降水数据,驱动 VIC 水文模型,分析了四种气候情景下我国径流量的可能变化。结果表明,四种气候情景下广东、广西未来100 年多年平均径流深均表现为增加,海南均表现为减少。与 1961—1990 年相比,广东、广西未来 100 年多年平均径流深在 A1 与 A2 情景下分别增加 10.2%(103 mm)、8.3%(84 mm)和 12%(96 mm)、10.3%(82 mm),在 B1、B2 下分别增加 7.5%(76 mm)、7.9%(80 mm)和 8.4%(67 mm)、9.9%(79 mm),而海南未来 100 年多年平均径流深,在 A1、A2、B1、B2 情景分别较 1961—1990 年减少 8.3%(81 mm)、5.9%(58 mm)、3.5%(34 mm)和 4.1%(40 mm)。就季节分配而言,春季、夏季径流深呈增加趋势,其中 8 月份增幅最大,秋、冬季呈减少趋势,特别是 1—2 月份减少显著。此外,A1 情景较其他情景相比,径流深增加或减少的幅度最大。总体上说,气候变化四种情景下,2011—2040 年华南三省(区)平均径流比 1961—1990 年平均值增加 5.7%,2041—2070 年增加 5.0%~7.0%,2071—2100 年增加为 7.0%~9.0%。未来华南地区夏季降水量和径流深呈增加趋势,洪涝将加重,而冬季径流深呈减少趋势,干旱将加重。因此,气候变化将可能进一步增加华南地区洪涝和干旱灾害发生的概率,将给水资源的管理提出严峻的挑战。

10.4.2 对极端水文事件的可能影响

应用 HBV-D 水文模型和 IPCC AR4 三个气候模式数据(澳大利亚的 CSIRo-MK3.5、德国 MPI-ECHAM5、美国 NCAR-CCSM3),对西江流域 21 世纪的逐日径流过程进行了多模式、多温室气体排放情景模拟。

与基准期(1961—1990 年)相比,未来 3 个时段的经验频率分布曲线均表现出不同程度的坦化、右移,且随预估时间延长变化越显著,表明未来洪水流量呈增加趋势。2020 年代集合平均的 30 年一遇洪量由基准期的 39632 m^3/s 增加 13%、2050 年代增加 30%,到 2080 年代增加至 53%(图10.4)。30 年一遇的洪水重现期将缩短,2020 年代缩短到 4~18 年,2050 年代缩短到 4~11 年,2080 年代则缩短为 2~5 年(图 10.5),即洪水将越来越频繁地发生。大部分情景峰值出现时间推迟1~27 天(表 10.9)。

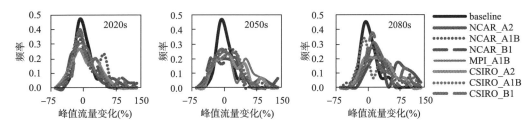

图 10.4　2020 年代、2050 年代、2080 年代及基准期年峰值流量变化的经验频率分布曲线

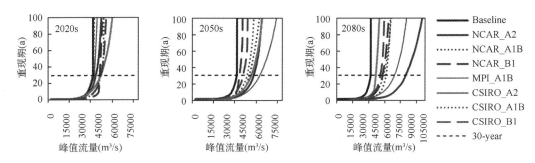

图 10.5　2020 年代、2050 年代、2080 年代及基准期年峰值流量韦克比函数频率分布图

表 10.9 2020 年代、2050 年代、2080 年代及基准期峰现时间多年平均值(日—月)

Baseline(29—Jun)	2020 年代	2050 年代	2080 年代
NCAR_A2	07—Jul(8)	11—Jul(12)	17—Jul(18)
NCAR_A1B	14—Jul(15)	19—Jul(20)	05—Jul(6)
NCAR_B1	23—Jul(24)	21—Jul(22)	04—Jul(5)
MPI_A1B	13—Jul(14)	04—Jul(5)	03—Jul(4)
CSIRo_A2	23—Jul(24)	19—Jun(—10)	05—Jul(6)
CSIRo_A1B	22—Jul(23)	26—Jul(27)	19—Jun(—10)
CSIRo_B1	14—Jun(—15)	13—Jul(14)	26—Jul(27)

注:括号中的数据表示预估情景与基准期峰现时间相差天数,正数表示偏晚,负数表示提前

10.4.3 气候变化对水资源影响的脆弱性

张建云等(2007)结合中国水资源、人口发展、区域生态等实际状况,采用人均年径流量、缺水率等指标,对我国水资源脆弱性进行了分析。区域水资源紧缺度分为严重缺水、重度缺水、轻度缺水和不缺水四个等级,并给出了定量的衡量标准(表 10.10),如果区域人均年径流量低于 500 m³,或者区域缺水率超过 5%,则认为该区域属于严重缺水。结果表明,未来 50～100 年,广西、海南仍不缺水,而广东在 A2、B2、A1、B1 四种情景下,均表现为轻度缺水。

但需要指出的是,在看似不缺水的广西、海南,由于地形地貌复杂,自然环境脆弱,旱涝和地质灾害频发,基础设施薄弱,水资源开发利用程度低下,属于工程型缺水地区。而广东省经济发展迅速,水污染未得到有效控制,咸潮等海岸生态问题严重,属于水质型缺水地区。随着人们对生态环境质量的要求不断提高,生态、环境需水大量增加,水资源供需矛盾将日益突出。

表 10.10 水资源脆弱性评价指标

水资源紧缺程度	人均年径流量(m³)	缺水率
严重缺水	<500	>5%
重度缺水	500～1000	3%～5%
轻度缺水	1000～1700	1%～3%
不缺水	>1700	<1%

10.5 水资源适应气候变化的对策与建议

在全球变暖背景下,华南地区水资源数量、质量将会发生改变,可能会影响水资源的可持续利用,同时,极端水文事件可能会增多,从而造成更大的经济损失。但是,鉴于气候变化对水资源的影响尚存在很大的不确定性,水资源管理要应对最不利的形势,遵循无悔原则,努力提高水安全的保障程度。同时,采取主动适应的策略,实现趋利避害。

10.5.1 节约和保护水资源,推进节水防污型社会建设

大力发展节水、高效的现代灌溉农业和现代旱作农业,加大灌区节水改造力度,推广先进、适宜的先进节水增效技术。加强火力发电、石油化工、钢铁、纺织、造纸、化工、食品等高用水行业的节水技术改造,降低用水定额,提高水的重复利用率,提高废水处理与回用能力。加快城市供水管网改造,全面推广节水器具,狠抓城市生活节水。建立饮用水水源保护区管理制度,加强入河排污口和省界断面水质监测,加大水资源保护力度。加强沿海地下水开采监管。抓紧建立健全以水权分配为基础、以用水总量控制和定额管理为核心、以水价调节为杠杆、以水资源统一管理为保障的节水防污型社会制度建设。开展节水防污型社会建设试点示范,推动节水防污型社会创建工作。

10.5.2 加强水利基础设施建设,增强防洪抗旱能力

继续加强工程措施和非工程措施相结合的综合防洪体系建设,加快主要江河堤防达标建设,尽快

完成大中型和重点小型病险水库除险加固,推动珠江流域等河道治理,加强蓄滞洪区优化调整和安全建设,着力提高防洪能力。促进珠江流域控制性工程大藤峡水利枢纽工程建设,适时开工建设一批综合利用水库工程,因地制宜加快修建各种蓄水、引水、提水工程。立足于预防特大干旱和水污染,从战略的高度,做好供水安全储备工作,大中城市应根据条件考虑特枯年或连续干旱年的应急水源建设。加快饮水安全工程建设,重点解决农村高氟、高砷、苦咸、污染及微生物病害等严重影响人们身体健康的饮水问题,以及局部地区的严重缺水问题。

10.5.3　开发非常规水源,实现水资源持续利用

非常规水源开发主要包括云水资源开发、雨水汇集利用、污水合理利用、海水利用等。华南地区临近海洋,大气中水汽资源非常丰富,可通过现代人工影响天气技术手段,实施规模化科学人工增雨开发利用空中云水资源,增加区域降水量。有计划、有重点地修建高标准大中型水库,调蓄洪水,补充枯水季节地表水源。在丘陵地区修建小水库、小塘坝、小水窖,汇集雨水径流,提高雨水利用率。废污水未经处理而排放,既浪费了资源,又污染了环境。这些污水具有巨大的利用潜力,如果处理回用,达到环境允许的排放标准或污水灌溉标准,使污水资源化,不仅可增加可用水源,解决农业缺水问题,而且起到治理污染的作用。华南海水资源丰富,可通过海水淡化技术、微咸水和淡水混合利用技术、培育耐盐作物直接利用海水灌溉技术,加强海水资源利用。

10.5.4　调整产业结构,实现水资源持续利用

继续调整产业结构,逐步建立节水型产业体系。大力发展金融业等现代服务业,逐步加强"三二一"型产业结构的调整,以及在各产业内部向有利于经济发展与节水的行业结构调整,以实现水资源约束下未来的经济发展战略和人口控制指标。大力发展"贸易调水",调整贸易结构,促进虚拟水的引入。在华南地区自身经济系统与外界进行贸易中应尽可能地引入高耗水低产值的商品,尤其农产品应进一步依靠贸易引进,发展节水型贸易。适时调整区域产业布局与经济发展规划,实行"量水而行,以水定发展"。将城中心区工业外迁,在市中心区主要发展第三产业,以减少市区用水量。同时应从整个华南的尺度对产业布局从总体上进行重新整合。水资源短缺问题难以依靠单个城市、单个省(区)自己解决,需要统筹整个华南地区甚至泛珠三角地区产业、人口和资源的配置问题,促使华南地区整体协调发展。

10.5.5　强化水资源规划,完善政策法规体系

抓紧完善流域综合规划、防洪规划和重点专项规划,建立健全流域规划与区域规划相结合、综合规划与专业规划相统一、水资源规划与经济社会发展规划及其他行业规划相衔接,功能齐全、覆盖全面、层级配套、目标明确、操作性强的水资源规划体系,强化水资源规划的指导和约束作用。全面贯彻水法、防洪法、水资源保护法、水土保持法等水法律法规,落实好水工程建设规划同意书制度、取水许可制度、水资源论证制度、防洪影响评价制度和水功能区管理制度。尽快制定地下水管理条例、节约用水管理条例、水资源论证条例、抗旱条例等法规,加快构筑有利于水资源节约保护的法律法规和政策体系。

10.5.6　切实加强制度建设,扎实推进机制创新

深化水资源管理体制改革,完善流域与区域相结合的水资源管理体制,加强水资源统一管理。明确不同河道、河段、岸线、水域的功能定位,制定流域开发治理和保护的控制性指标,加强河湖管理。推进主要江河水量分配工作,明晰初始水权,规范用水交易行为,逐步建立水权制度。加强以取水许可和水资源有偿使用制度为核心的用水管理,认真落实国家产业政策和资源配置、节约保护政策,严格建设项目水资源论证和取水许可管理。建立符合节水型社会要求的水资源节约和保护制度,建立以经济手段为主的节水激励机制,鼓励节水产业发展。落实以水功能区管理为基础的水资源保护制度,严格控制污染物排放。建立入河排污总量控制和重大水污染事件应急管理制度,完善重大水污染事件、极端气候事件快速反应机制。

10.5.7 加快水资源领域能力建设,提高综合应对能力

加快行政区界水文站网和地下水监测站网建设,加强暴雨洪水预测、预报和预警设施建设,提高预报的准确率和时效性。提高水资源监测、监控和管理能力,提高防汛抗旱的科学决策能力、组织动员能力、社会管理能力和公共服务能力和水平。尽快完成防汛抗旱指挥系统工程,全面推进水资源管理信息系统建设,加快其他水利管理信息化系统建设,不断提高水资源信息化水平。加强应对气候变化的适应对策的基础科学研究,降低气候变化影响的不确定性,开展适应成本和效益分析,提出主要流域应对气候变化下洪水、干旱、水资源短缺等适应措施。开展极端气候事件风险评估和气候可行性论证,降低气候变化对水资源工程建设、运行的风险。

第 11 章　能源

11.1　华南区域能源形势

改革开放以来,华南地区抓住历史机遇,实现了经济的高速增长,成为我国经济最为活跃的地区,也是世界上最具经济活力的地区之一。1978—2008 年该地区实现国内生产总值(GDP)年均递增18%,2008 年 GDP 达到 44334 亿元,占全国 GDP 总量的 14.6%。其中珠江三角洲是该地区经济发展的重点区域,在占全国 0.25% 的土地上聚集了占全国 3.6% 的人口,创造了全国近 10% 的 GDP。在全国范围内,华南地区已成为经济较发达的地区之一,然而从工业化的进程来看仍处于工业化中期加速阶段,经济的飞速发展伴随着能源需求的不断增加。然而受自然条件的限制,华南地区常规能源资源贫乏,其中储量相对较多的煤炭资源也仅占全国总储量的 0.34%,属最低水平。伴随经济社会发展而快速增长的能源需求,主要靠调进解决,能源安全相对薄弱,能源资源的短缺已成为华南地区经济进一步发展的瓶颈。华南地区能源形势主要有以下特点:(1)能源供需不平衡,对外依存度大。2008 年,广东和广西两省(区)能源自给率仅 19%,有 63% 依靠外省调入,18% 依靠国外进口。(2)能源利用效率偏低,节能降耗任重道远。如广东省 2008 年单位 GDP 能耗为 0.715 t 标准煤/万元,虽然低于全国平均水平(约为全国平均的 65%),但高于浙江、北京等省市,约为美国的 2.2 倍,日本的 6 倍。(3)能源消费结构有待进一步优化。2008 年广东煤炭的消费比重为 33.8%,而广西则达到 50% 以上,与发达国家 20% 的水平有较大差距。2008 年广东、广西第二产业(工业和建筑业)用能分别占到用能总量的 68% 和 82%。(4)能源发展与环境保护矛盾突出。经济快速发展的同时,华南地区的环境污染问题也日益突出。究其原因,与其长期存在的优质洁净能源比重偏低、过度依赖煤炭的能源结构是密切相关的。

11.2　气候变化对能源影响的评估方法

气候变化对能源活动,包括从生产到消费的各个环节都会产生影响,气候变化直接或间接影响到能源活动中能源供应和能源消费。

气候变化对能源的直接影响评估是指对气候变化所引起的气象条件改变、或气候事件出现的频率及强度改变对能源活动造成的影响的评估,如气温变化对采暖和降温的能源需求影响,低温天气与高温天气对电力负荷的影响,降水变化对水力发电的影响,极端气候事件对能源生产和供应的影响,以及气象条件改变对风能、太阳能的影响等。

气候变化对能源的间接影响评估指为了应对气候变化而采取的各种政策措施对能源活动造成的影响的评估,比如节能措施对能源需求的影响、温室气体减限排措施对能源供应结构的影响等。

气候变化对能源活动的直接影响相对比较易于监测和度量,气候变化对能源活动的间接影响往往体现为多种因素共同作用的结果,关系比较复杂、有较长的滞后时间。气候变化对能源影响主要评估方法有以下几种。

11.2.1　度日分析法

近年来,许多学者将度日发展为一个能够反映取暖和降温所需能源的时间温度指数,把度日分析法作为研究温度和能源关系的基本方法,广泛运用在气候变化和能源需求的研究应用领域(张海东和孙照渤,2008)。所谓某一天的度日就是指日平均温度与规定的基础温度的实际差值。度日又分为两种类型,即采暖度日(heating degree day)和制冷度日(cooling degree day)(Kadioglu & Sen,1999)。年采暖度日数是指一年中日平均温度低于基础温度的累积度数,年制冷度日数是指一年中日平均温度高于基础温度的累积度数。计算公式如下(Sailor,2001):

$$\begin{cases} HDD = \sum_{i=1}^{n}(1-rd)(T_{b1}-T_i) \\ CDD = \sum_{i=1}^{n}rd(T_i-T_{b2}) \end{cases}$$

其中,n 为某一年的天数;T_i 为日平均温度;T_{b1} 为采暖度日数的基础温度;T_{b2} 为制冷度日数的基础温度;如果日平均温度高于基础温度,rd 则为 1,否则为 0;HDD 为某一年的采暖度日值;CDD 为某一年的制冷度日值。

制冷(采暖)度日数总量大小反映了温度的高低,制冷度日数大,说明温度高,制冷需求大;采暖度日数大,说明温度低,采暖需求大。

11.2.2　利用电力数据与气象因子建立评估模型法

通过分析气候变化对居民生活、生产等能耗影响,建立气候变化对能源影响评估统计模型,分析估算气候变化对能源的影响。

陈莉等(2008)以《夏热冬冷地区居住建筑节能设计标准 JCJ134—2001》中所规定的采暖、降温耗电量限值为依据,用线性插值法得到任一年采暖度日或降温度日所对应的居住建筑单位面积采暖年耗电量和降温年耗电量,研究了气候变暖对该区居住建筑单位面积采暖年耗电量、降温年耗电量及采暖降温年耗电总量的影响。段海来和千怀遂(2009)选用以相对气象耗电量为指标的气候变化对电力消费影响强度的动态评估模型和降温度日模型来研究广州市电力消费对气候变化的响应。吴息等(1999)分析了气候变化对长江三角洲地区工业生产及能源消耗的影响,建立了降水量与农业电力消耗的统计关系式、工业单位产值耗电、居民取暖与温度统计关系式等统计模型,分析了气候变化对能源的影响。钟利华等(2007a)通过分析 1997—2003 年 5—10 月广西电网电力负荷月、周和节假日的变化特征,及其与气温的相关关系,发现电力负荷与气温有明显的相关关系。采用逐步回归方法,建立了广西电网逐日电力负荷预测模型。

11.2.3　情景分析法

研究能源领域的减缓气候变化对策时,不仅要考虑未来最可能的能源发展趋势,更要研究改变这种趋势的各种可能性及实现不同可能性所需要的前提条件,需要借助于情景分析的方法来进行。情景分析方法主要通过构筑若干情景,计算各情景的能源需求和温室气体排放,可以分为情景条件设定和能源需求情景综合计算、分析两个阶段(图 11.1)。

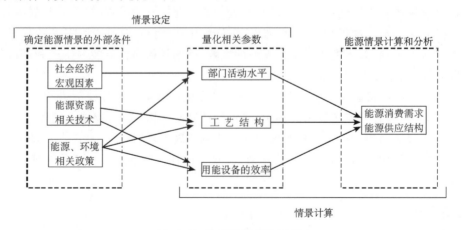

图 11.1　能源情景分析过程

目前用于能源情景计算的模型主要有以国际能源署 IEA 为核心开发的 MARKAL 模型、欧盟开发的 EFoM 模型、斯德哥尔摩环境研究院(SEI)波士顿/达拉斯分院开发的 LEAP 模型、日本国立环境研究所开发的 AIM 模型,以及我国国家发展改革委能源研究所开发的 IPAC 模型等(魏一鸣,2005)。IPAC 模型主要包括能源与排放模型、环境模型和影响模型三个方面,其中能源与排放模型是其主要构成部分。

11.3 观测到的气候变化对能源的影响

11.3.1 对制冷、采暖耗能的影响

气候变化对制冷、采暖耗能的影响通常用度日方法进行分析。根据建筑热工常用的基础温度,以 26℃为制冷度日的基础温度,18℃为采暖度日的基础温度(中国建筑科学研究院和重庆大学,2002),统计华南逐年制冷度日和采暖度日。分析表明,1961—2008 年,华南区域制冷度日呈现明显的上升趋势,变化速率为 11.74 ℃·d/10 a;采暖度日则呈现明显的下降趋势,变化速率为−24.29 ℃·d/10 a。尤其是 1986 年以后,制冷度日上升趋势和采暖度日的下降趋势更明显,有 78%的年份制冷度日高于多年平均值,65%的年份采暖度日低于多年平均值(图 11.2、图 11.3)。这与华南区域气候变暖的特征基本一致,表明气候变暖导致制冷需求增大、采暖需求减少。

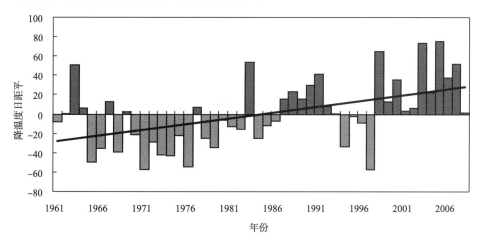

图 11.2　1961—2008 年华南区域平均制冷度日距平变化(单位:℃·d)

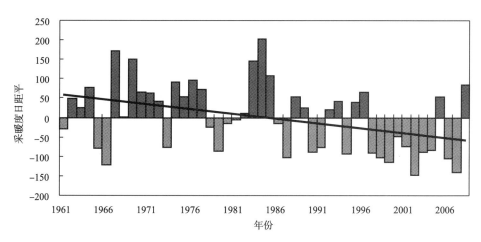

图 11.3　1961—2008 年华南区域平均采暖度日距平变化(单位:℃·d)

华南区域降温度日变化趋势的空间分布有一定差异。1961—2008 年,华南区域大部地区制冷度日呈现上升趋势,南部上升趋势比北部明显,其中海南省东部,广东珠江口沿岸地区及潮州、阳春、罗定、徐闻等地,广西南部的钦州、东兴、岑溪等地上升速率超过 20 ℃·d/10 a,上升趋势最显著的是海南省的三亚市,趋势值达 51.48 ℃·d/10 a。华南北部少数县(市),如广东的大埔、平远、新丰以及广西的灌阳、荔浦、钟山、天等、象州、百色等地制冷度日略呈下降趋势(图 11.4)。

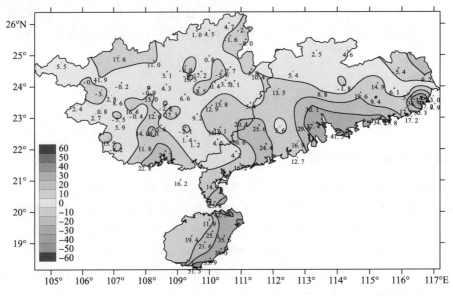

图 11.4　1961—2008 年华南区域制冷度日变化趋势分布(℃·d/10 a)

华南区域各地采暖度日均呈现下降趋势,海南省大部,广东雷州半岛,广西的左江、右江河谷及北海市、钦州市大部、玉林市南部等地下降速率为 2.1~19.9 ℃·d/10 a,其余大部地区在 20.0~59.2 ℃·d/10 a 之间,其中广东沿海的海丰、普宁、顺德、深圳、潮阳、澄海、揭阳、潮州及广西的金秀下降速率超过50 ℃·d/10 a(图 11.5)。

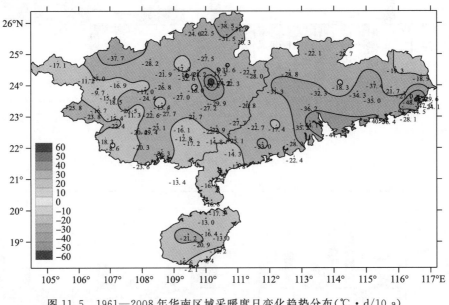

图 11.5　1961—2008 年华南区域采暖度日变化趋势分布(℃·d/10 a)

根据《夏热冬冷地区居住建筑节能设计标准 JCJ134—2001》(中国建筑科学研究院和重庆大学,2002)列出的建筑物节能综合指标限值,用线性插值法可以得到任一采暖度日值或制冷度日值所对应的居住建筑单位面积采暖年耗电量和制冷年耗电量(陈莉等,2008)。统计了华南区域 1986—2008 年相对于参考时段(1961—1985 年)降温耗电量、采暖耗电量距平百分率,结果表明:1986 年以来,气候变暖理论上使华南大部地区的居住建筑单位面积制冷年耗电量增加,其中海南省大部、广东省南部、广西沿海地区及河池市北部等地相对于参考时段增加 10%以上,海南省东部及广东省的深圳、揭阳、澄海、潮州等地增加幅度达 20%~31%(图 11.6),华南区域平均增加 9%。华南大部分地区的居住建筑单位面积采暖年耗电量减少,除了海南省、雷州半岛、涠洲岛等理论上采暖年耗电量为 0 的地区外,其他地区居住建筑单位面积采暖年耗电量相对于参考时段减少 7%~100%,减少幅度由北向南递增(图 11.7),华南区域平均减少 22.5%。

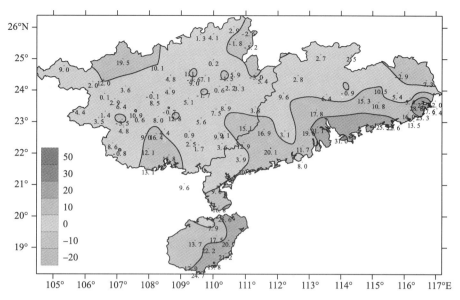

图 11.6 华南区域 1986 年以来相对于参考时段降温耗电量距平百分率分布图(%)

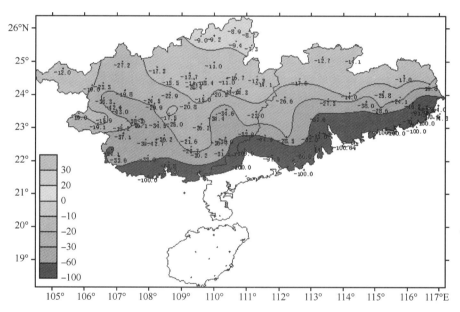

图 11.7 华南区域 1986 年以来相对于参考时段采暖耗电量距平百分率分布图(%)

夏季制冷耗能的增加大于冬季采暖耗能的减少,导致全年总耗能量增加。1986—2008 年华南区域平均总耗能量较 1961—1985 年增加 1%~26%,平均增加 2.6%,其中海南省大部、广东沿海大部及广西的东兴增加 10%以上(图 11.8)。

11.3.2 对电力负荷和电力供应的影响

气候变化导致极端高温、极端低温事件的增多,对电力供应和消费造成了很大的影响。近 50 年来,广东高温日数显著增加,上升幅度约为 2.7 d/10 a,1998 年之后高温日数显著增多,高温热浪越发频繁,平均每年达到 20 d 以上。研究表明,广东逐日电力负荷具有逐年逐步增长的趋势;电力负荷从冬季到夏季也逐步增加,夏季达到高峰,这是因为占广东电力负荷比例最大的是工业和空调降温负荷,而相比之下,冬季的升温取暖则不会造成电力负荷的增长(罗森波等,2007)。2003 年以来夏季频繁、持续的高温天气,电力负荷持续增长,使广东电网安全稳定运行和保证供电面临严峻挑战。例如 2009 年 7 月广东出现高温天气,7 月 11 日广东电网统调负荷达到 6100 万 kW,中调是 5448.8 万 kW,均创下历史新高。由于用电负荷的持续增长,电源不足,全省电力电量平衡矛盾十分突出,电力紧张,影响了人民群众的生活和工作。

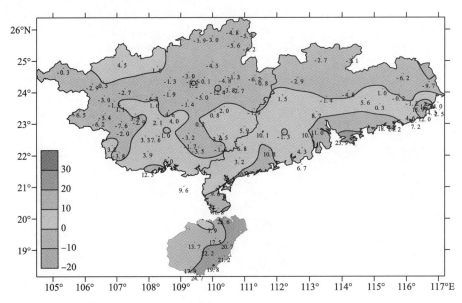

图 11.8　华南区域 1986 年以来相对于参考时段降温、采暖总耗电量距平百分率分布图(％)

　　1990 年以来,广西多次出现大范围高温天气过程;近几年来,高温天气过程出现概率增多,强度也偏强。2003 年 7—8 月、2004 年 8 月、2005 年 7—8 月由于高温天气偏多、降水量偏少,使得全区月平均电力负荷比前期(6 月)增多 6％～16％;2003—2005 年由于持续性、较大范围的高温及严重干旱,使得电力负荷呈明显的增长趋势,而水电发电量又呈减少的趋势,加大了供需的矛盾,电网供应能力不足。从 2003 年 5 月开始,广西出现了不同程度的拉闸限电情况。据统计,广西夏季(6—8 月)总限电:2003年各月均在 1200～3930 MW;2004 年 6 月为 210 MW,7 和 8 月为 1650 MW 和 2970 MW(钟利华等,2007b)。此外,2009 年 8 月,在工业扩大生产和持续高温天气的双重影响下,广西电网电力电量连创新高。8 月 21 日,广西电网最高负荷第 9 次创出历史新高,达到 1130.5 万 kW,日电量第 12 次刷新历史纪录,达到 2.41 亿 kW•h,同比增长超过 20％。

　　2008 年 1 月中下旬持续至 2 月中旬的雨雪冰冻天气造成广东电网,尤其是韶关、清远电网损毁十分严重,受灾影响累计 12 个县市、61 个乡镇、21.08 万户、83.92 万人。冰灾累计造成停运设备线路451 条;停运变电站 32 座;110 千伏及以上线路倒杆(塔)982 基,断线 952 处;35 千伏及以下线路倒杆(塔)6148 基,断线 4741 处。初步估计,直接经济损失超过 10 亿元。由于受广东周边多个省市出现历史罕见的持续雨雪天气的影响,煤电输送中断,而广东出现持续寒冷天气,取暖用电大幅增加,导致广州供电形势紧张,供电出现缺口,广州市供电局 1 月底已启动电力应急预案,市经贸委和供电局联合下发关于节约用电的通知。为保障春运交通等重要部门用电,广州市启动冬季抗灾期间电力紧缺应急错峰实施方案。

11.3.3　对水力发电的影响

　　华南区域拥有较丰富的水资源,可开发的水电总装机容量为 2481.5 万 kW,占全国总量的 6.6％。水力发电对气候的变化比较敏感,受极端气候事件(尤其是干旱)的影响非常大。

　　近年来,广东省降水异常现象频繁出现。2002—2004 年遭遇了罕见的连年干旱,全省大部分地区在 2002、2003 年降水偏少 10％～50％的基础上,2004 年又有 65％以上的地区降水偏少 30％～40％,是1963 年以来年降水量最少的一年,广东四大江河出现历史最低水位,从而影响水利发电量(广东省气候变化评估报告编制课题组,2007)。

　　20 世纪 80 年代末以来,广西多次出现特大干旱,其中 2003 年 9 月下旬至 2004 年 6 月下旬,广西发生夏秋冬春连旱,干旱严重程度仅次于 1963 年;2004 年 1 月 31 日,西江上游广西境内的梧州水文站水位跌至 1.79 m 以下,突破了 1902 年 4 月 1 日西江梧州段水位 1.90 m 的原有最低记录,创下梧州有水文历史记录的 100 多年来的历史新低。接纳广西 80％内江河水的西江,于 2003 年 8 月份就进入枯水期,比往年提前了两个月。干旱导致广西各大小水库库容严重不足,有效蓄水量不断减少;截至 2004

年1月上旬,已有844座中小型水库水位低于死水位或干涸。水库蓄水的严重不足和江河水位的持续降低,致使广西水电发电量从2003年10月开始出现负增长;2004年1—4月负增长明显加大,5—12月为负增长或与上年接近;2005年2—6月为负增长,干旱持续时间内广西水电发电量月平均为9.6%的负增长,水电发电量总体呈下降的趋势(钟利华等,2007b)。

海南省继2004年的全年性严重干旱后,2005年1—7月旱情持续发展,发生了自1977年以来最为严重的全省性跨年度旱灾。从2004年4月至2005年7月,全省旱期长达16个月,旱日达310天以上。干旱致使水库工程蓄水量继续减少,到2005年5月底,全省1797座小型水库和山塘干涸,水力发电受到较大影响。

11.3.4　对城市电力消费的影响

近50年来广州市气候变化对城市电力消费的影响强度呈持续稳定增长趋势,正强度的概率以10%/10 a的速度增长。广州市城市电力消费量与春季、夏季、秋季的温度相关性较好,尤其与夏季平均最高温度的相关系数最高,如电力消费总量、工业用电量、居民用电量的气象电量与夏季平均最高温度的相关系数分别达0.524、0.513、0.607。5—10月平均气温升高1℃,广州市城市制冷度日强度变化为46.6%。夏季平均最高气温每升高1℃,全年单位工业产值耗电将增加2.02%。5—10月份温度增加1℃,居民生活用电量将增加1.25%。在过去50年中,广州市5—10月最大平均温度距平为1.2℃,则城市居民生活用电量增加约1.5%。同时,广州市的制冷耗能期长度变率也呈递增趋势(图11.9)(段海来和千怀遂,2009)。

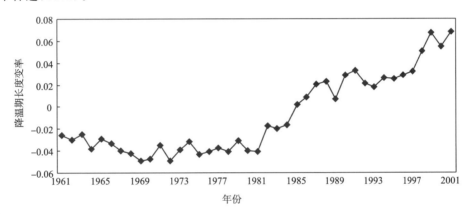

图11.9　广州市降温期长度变率10年滑动平均变化趋势

11.4　未来气候变化对能源的可能影响

(1)对夏季制冷、冬季采暖耗能的影响

对夏季制冷、冬季采暖耗能来说,气候变暖无疑会对前者起到增加耗能,而对后者起到节能的作用。预估表明,未来华南区域气候将继续变暖,使采暖耗能进一步减少,而制冷耗能将继续增大。

(2)对城市电力消费的影响

在SRES B2情景下,2020年、2050年、2070年、2100年华南区域夏季平均温度将分别增温0.8℃、1.5℃、2.1℃、2.6℃(秦大河等,2005),采用段海来等(2009)建立的线性方程,则广州市居民生活用电的增量将分别达1.0%、1.9%、2.6%、3.2%。

(3)对电力负荷的影响

随着社会经济的发展以及人民生活水平的提高,城市电力负荷呈逐渐加大的趋势。在全球变暖的背景下,未来华南区域可能出现持续增温、高温日数增多、高温热浪频率和强度增大,将进一步加剧夏季大、中城市空调制冷电力消费的增长趋势,对保障电力供应带来更大压力。

(4)对水力发电的影响

水力发电主要受水库上游流域来水量的影响。气候变化导致的降水变化速率和量级对华南区域水电的影响不尽相同,有的地方将受益而有的地方则相反,这取决于区域的极端气候事件的发生频率和强度;在降雨稀少引起干旱造成水位快速下降的情况下,水库可能难以蓄积更多的水量发电;如果未来降雨增加,则可以扩大试点生产潜力(M. M. Q. 米扎尔,2009)。

预估表明,未来50年,华南区域降水量虽然总体呈增加趋势,但某些地区也可能出现降水量的阶段性减少,2031—2040年,南方地区的大部分水库上游流域降水量可能出现明显的减少趋势,水力发电将受到影响。

(5)对能源政策的影响

针对国家提出在2020年单位GDP的CO_2排放量在2005年的基础上降低40％～45％的目标,应用IPAC模型研究了不限制二氧化碳排放、低碳、强化低碳三种情景下广东省电力发展的情况,力图实现气候变化对能源政策的影响评价。在基准情景,即不限制CO_2排放情景下,广东省供电能源消费总量将在4542.1PJ(热值法折算标煤15497.3万t)左右,随着对CO_2排放约束的加大,供电能源消费总量将有所降低;在低碳情景,即单位供电CO_2排放降低25％时,供电能源消费总量在4326.0PJ(热值法折算标煤14761.0万t)左右;而在强化低碳情景,即单位供电CO_2排放降低30％时,供电能源消费总量4159.7PJ(热值法折算标煤14192.9万t)左右,比基准情景降低了8.5％,其主要原因是能效的提高。在能源结构方面,基准情景中煤炭占70.4％,而随着对CO_2排放的约束,在强化低碳情景中煤炭的比例下降到了55.8％,而可再生能源从2.0％提高到5.2％,同时天然气发电和燃油发电也要有所发展,这是因为可再生能源和核电受到资源潜力和开发能力的限制无法进一步满足替代煤炭的需求。

11.5 适应选择与对策建议

华南地区经济发展迅速但又极不平衡,经济发达省(区)和贫困省(区)并存。广东的珠三角城市群已成为中国乃至世界上最活跃的经济中心区域,而广西、海南经济发展仍相对落后。未来相当长的时间消除区域贫困、发展经济仍然是华南区域发展的主旋律,能源需求和消费将不可避免地继续增长。而气候变化不稳定性的加剧对华南区域能源的影响日益突出。因此,必须采取多种适应对策和措施克服气候变化对能源的不利影响,保障华南区域能源安全,促进区域可持续发展。

11.5.1 把气候变化影响纳入能源发展规划

气候变化对常规能源和新能源、可再生能源的影响是不同的。各个行业对于气候变化的反应、气候变化对各行业能源需求的影响也是不同的。因此,在未来能源发展规划中,必须权衡工业、农业到住宅和公共工程等不同行业的能源需求,气候变化对常规能源和新能源、可再生能源的不同影响,为了规划未来可持续的能源供应,能源供应系统的设计、开发和管理也必须要考虑气候变化的影响。

11.5.2 加强能源基础设施建设

气候变化及其影响,尤其是极端天气事件作用强度和发生频率的不确定性,可能会威胁油气管线、输电塔、天然气提炼厂、近海油气钻井平台等相关基础设施,保护现有的和未来的基础设施不受气候变化的影响是适应战略的重要方向。识别并处理气候变化影响可能对基础设施产生的影响,分析能源行业基础设施应对气候变化的脆弱性,并制定相应的风险管理战略,与金融业和保险业合作,确定降低风险的适应行动。利用华南地区良好的港口条件,适当建设一批成品油储备工程和煤炭战略储备中心,建立安全稳定的能源供应体系。

11.5.3 发展多样化的能源

气候变化不稳定性的加剧会增加华南能源行业的不确定性。因此建议利用多样化能源来增强其应对变化的能力。实施"上大压小"政策,优化发展火电;加强对石油、天然气的勘探开发;大力发展水电,规模化发展核电;积极开发利用风能、太阳能,适度发展生物质能;因地制宜发展农村沼气。此外,氢能、燃料电池、地热、海洋能等,虽然离商业化还有一段距离,但从长远看,这些新能源具有很大的吸引力和开发潜力。

11.5.4　优化采暖降温方式

针对气候变化的影响,华南区域应在保证人体舒适的前提下,确定被动和主动采暖降温的时段和气候分区,合理使用常规能源。建筑物节能是华南区域强化节能的重要方面,在设计和建造时应尽量考虑利用自然界的阳光、气温、风等条件改善建筑物内热舒适性,将能够主动减少采暖和降温的能源消耗,降低建筑全年能耗,最大限度地减少建筑物对能源的需求。

11.5.5　强化极端气候条件下的能源安全气象保障

在重要输变电线沿线、石油和天然气勘探区、大型水电和核电站等,布设气象灾害监测网络,建立能源专项气象灾害预报预警服务平台,实现气象部门与能源部门的信息与资源共享以及灾害协同防御。开展能源领域精细化气象灾害影响风险评估,开展能源基础工程建设气候可行性论证,针对可能影响能源安全、存储、生产运输以及供需的气象灾害,制定能源预测预警气象服务应急预案,为科学防灾避灾,构建稳定、安全的能源供应体系提供气象保障。

11.5.6　加强气候变化对能源影响的科学研究

进一步加强气候变化研究,减少气候变化及其对能源影响评估结果的不确定性,用科学事实和数据为区域能源安全提供依据;开展气象和气候对能源短期、中期、长期影响的研究,开发精细化能源气象预测预报技术;研究极端气候事件对能源影响的机理和评估方法;开展能源基础工程建设气候可行性论证的指标体系和技术规程研究。

11.5.7　制定有效的应对气候变化能源政策

区域内各省(区)要确定温室气体减排近期、中期目标,完善温室气体减排约束性指标体系,强化指标的分解。加快转变经济发展方式,实施低碳发展、循环发展、绿色发展,加快建设以低碳排放为特征的工业、建筑和交通体系,强化能源节约和高效利用,优化能源结构,积极发展清洁、可再生能源,做好国家低碳广东省试点工作,不断扩大森林覆盖率。建立温室气体监测、统计、考核体系,建立碳排放限额、碳交易和生态补偿机制。

第12章　分省(区)重点领域

12.1　气候变化对广东珠江三角洲城市群人居环境的影响

12.1.1　观测到的气候变化影响

　　气候变化和大规模城市化叠加作用,使珠三角城市群热岛效应、高温热浪、灰霾等现象加剧,人居环境恶化。近年来,与周边地区相比,珠江三角洲城市群均表现为热中心,热岛强度呈逐年增强的趋势,目前,年平均热岛强度高达 0.6～0.7℃(曾侠等,2004),每年≥35℃的高温日数均在 30 d 以上。2000 年 6 月的高温热浪,导致广州各大医院急诊科收治的病人比平时增加两成以上(广东省气候中心,2000)。2004 年 6 月底至 7 月初的高温热浪,导致广州市 39 人因高温中暑死亡(广东省气候中心,2004)。

　　研究表明,广州市日平均气温与每日总死亡人数呈"U"形(图 12.1),最适宜日平均气温为 19.7℃,当日平均气温高于 19.7℃时,平均气温每升高 1℃,每日总死亡的风险增加 3.0%;当日平均气温不超过19.7℃时,平均气温每升高 1℃,每日总死亡的风险减少 3.3%,循环系统疾病死亡风险减少 3.6%(严青华等,2011)。近 50 年来,广州市年灰霾日数以每 10年 16.4 d 的速率增加,每逢灰霾天气,呼吸道疾病发病率比平时增加 15%左右。2002 至 2004 年,华南遭遇 50 年来罕见的连年干旱,导致各类型水库蓄水量锐减,仅广州市就有 100 多座大小水库停止发电用水(王广伦等,2005)。根据卫星探测资料,珠三角城市

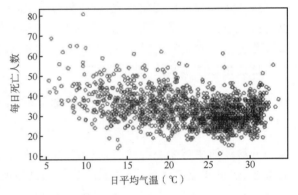

图 12.1　广州市日平均气温与每日总死亡人数的散点图(引自严青华等,2011)

群所处的区域降水明显多于其周边地区,而降水时次减少,降水强度加强(黎伟标等,2009),从而加剧了城市内涝。2010 年 5 月 7 日的特大暴雨,造成广州 35 个地下停车场受影响,1400 多台车辆遭遇"水浸车",全市经济损失 5.438 亿元。2008 年 6 月 13 日东莞的特大暴雨,造成东莞 38.2 万人受灾,因灾死亡 8 人,14 人受伤,直接经济损失达 19.8 亿元。受气候变暖、海平面上升、降水不均、流域干旱等的影响,珠江口咸潮呈加剧之势,近 20 年来珠三角地区曾发生过 5 次严重咸潮,其中 3 次发生在 2003、2004、2005 年,咸潮成为威胁珠三角城市群用水安全的"心腹大患"(胥加仕和罗承平,2005)。

12.1.2　未来气候变化的可能影响

　　未来气候变暖对珠三角城市群的可能影响包括:气候变暖一方面可能会因区域降水量和降水格局的改变而造成干旱的频次和强度增加以及水质的变化,导致城市供水资源减少,另一方面气候变暖导致城市群需水量的增加,使城市供水更加紧张。对气候变化敏感的传染性疾病,如心血管病、疟疾、登革热和中暑等疾病发生的程度和范围将有所增加。城市用于制冷的电力需求随气温升高而增加,气候变暖加上城市的热岛效应将直接导致城市用电量供需矛盾加剧。珠江口及沿海城镇将面临着海平面升高带来的更直接的威胁(广东省气候变化评估报告编制课题组,2007)。

12.1.3　适应选择与对策建议

　　广东不同地区要分别选择"无悔"对策和措施适应气候变化,促进经济社会发展,并将其纳入经济建设和社会发展长远规划中。强化珠三角地区一体化综合防灾体系建设和气候可行性论证工作。尽快实施"珠江三角洲中小尺度气象灾害监测预警中心"重大项目建设。加快推进水利基础设施建设,提高流域水资源调配能力。强化水资源保护、水污染治理和节水型社会建设。加强咸潮监测、预警和防御技术研究。建立珠江流域生态补偿机制,协调上下游的利益和权利分配。

12.2　气候变化对广西生态环境的影响

12.2.1　观测到的气候变化影响

　　受气候变化和人类活动的共同影响,广西生态环境出现明显退化或恶化,主要表现为水土流失和土地石漠化日益严重、森林植被质量下降、生物多样性受损等。

　　广西水土流失面积自新中国成立以来总体呈扩大的趋势。1956 年底广西水土流失总面积为 214.26 万 hm^2,1990 年达 293.7 万 hm^2,到 1999 年为 305 万 hm^2(翁乾麟,2001;蒙光丽和陈作雄,2001)。广西各河流出境的泥沙输出量达 7000 万～7500 万 t/a,大量肥沃表土流失;因洪水灾害等损毁耕地达 4100～6600 hm^2/a(蒙光丽和陈作雄,2001)。近年来,广西在水土流失地区采取大面积的封禁治理和以小流域为单元综合治理水土流失,产生积极效果。2009 年广西水土流失面积为 281.22 万 hm^2(广西壮族自治区环境保护厅,2010),与 1999 年相比,水土流失面积有所减少。广西是我国喀斯特地貌发育十分典型的地区之一,土地石漠化现象严重。刘彦随等(2006)、胡业翠等(2008)根据 1985 年、1995 年、2000 年覆盖广西全区的 Landsat TM/ETM 数字影像,分析了广西土地石漠化发生、发展的时空格局特征和规律,发现广西土地石漠化面积总体呈现扩大趋势,年增长率为 1.03%。1985 年、1995 年和 2000 年的土地石漠化面积分别为 2.91×10^4 km^2、3.21×10^4 km^2 和 2.93×10^4 km^2。其间经历了先快速扩展,后又小幅收缩的过程,1985—1995 年石漠化面积增长了 10.34%,1995—2000年,生态治理工程的实施开始产生积极效果,石漠化面积减少了 6.25%。但生态环境形势仍不容乐观,到 2000 年严重石漠化面积占石漠化面积的比重依然高于 25%。1985—2000 年间,中度石漠化一直保持着增长态势。广西土地石漠化的形成因素主要包括自然因素和人为因素,自然因素包括地质构造、地貌特征、地表组成物质、生物群体类型及气候状况等因子。从气候因子方面来看,降雨占主要作用,降雨量越大、越集中,水土流失就越严重,石漠化程度就越高(李水明等,2006)。流水侵蚀的结果使岩石裸露,平均每年水蚀 0.05 mm 厚的土层,远远高于平均成土速率 0.03 mm;另外,气候变暖、相对湿度下降,对溶岩的风化有促进作用,从而对石漠化起到促进作用(罗桂湘,2007)。

　　气候变化对森林生态系统也造成较大的影响。气候变化可影响林木生长季节的长短、树种的分布与害虫活动和火灾发生频率及强度等(居辉等,2000)。极端气象灾害导致森林受损,大量物种死亡,影响动植物种群稳定。例如:2008 年初,广西遭受历史罕见的低温雨雪冰冻灾害,大量林木被损毁,生态环境受到严重影响。据统计,截至 2008 年 2 月底,全区林业因灾直接经济损失 215.75 亿元。森林受害面积 168.59 万 hm^2,占全区森林面积的 13.02%(王祝雄等,2008)。灾区森林的受损情况十分严重,特别是高海拔地区,林木主干折断,甚至连根拔起,毛竹大面积折断倒伏,上层林木树冠不复存在,下层也存在主干和枝条折断现象,草本层大面积枯死,森林的垂直结构发生了很大变化,生物量大为减少,自然保护区常绿阔叶林在这次灾害中断枝、断梢及翻篼情况非常严重,许多珍稀动植物冻死、冻伤。如分布于桂北的国家一级保护动物白颈长尾雉、黄腹角雉以及分布于大桂山和大瑶山的瑶山鳄蜥面临灭绝的危险。森林覆盖率、森林质量、森林固碳能力严重下降,林地涵养水源、调蓄抗洪、保持水土等生态功能急剧降低(王琴芳,2008)。2009 年夏—2010 年春持续干旱对广西林业造成严重影响,干旱期风干物燥,森林火险等级持续偏高。据广西壮族自治区林业局统计,2010 年 1 月 1 日至 3 月 29 日全区累计发生森林火灾 503 起,过火面积 8946 hm^2,受害森林面积 1105 hm^2;早春高温干旱导致林木生长衰弱,抗虫能力低,南宁、河池、百色、崇左等市松毛虫暴发成灾,截至 4 月 10 日,全区松毛虫(含松茸毒蛾)发生面积达 3.74 万 hm²。由于森林砍伐、水土流失和石漠化加剧等原因,广西生物多样性减少。以大瑶山水源林保护区为例,原来存在的大量动物现在已经绝迹,珍贵动物鳄晰已极为罕见,原有的 216 种鸟类有 54 种已经灭绝,原有的 2335 种植物已有 407 种绝迹,驰名中外的大瑶山灵香草已减少 95%(翁乾麟,2001)。

12.2.2　未来气候变化的可能影响

胡业翠等(2008)对影响广西土地石漠化的因子进行了定量分析,结果显示,森林覆盖率减少对土地石漠化面积的增长有显著的负效应,而喀斯特面积比、地表起伏度、年均降水量对土地石漠化扩展有明显的推动作用。森林覆盖率每提高 1%,能使土地石漠化面积收缩 4.58%;年均降水量增加 1 mm,土地石漠化面积会增长 1.57%左右。根据全球气候模式预估,未来广西年降水量可能增加(秦大河,2005),气候变化将加剧土地石漠化。气候变化还将加剧洪涝和干旱情势,导致地方性泥石流、滑坡、森林火灾等自然灾害频繁发生,森林病虫害加重(《气候变化国家评估报告》编写委员会,2007)。气候变化将对广西森林的分布、组成、演替、生产力,以及野生动植物的分布结构及种类组成造成较大影响。热带物种将通过竞争来占据广西亚热带物种的生态位,使广西分布的特有物种灭绝的几率提高;气候变化将使得广西的物种栖息地质量下降,加剧桂西南石灰岩地区的石漠化,改变其中的野生动植物种群动态;极端气象灾害导致大量物种直接死亡,将改变野生动物种群的年龄结构及性别比例,影响动物种群稳定(广西壮族自治区人民政府,2009b)。

12.2.3　适应选择与对策建议

因地制宜地发展多种经济,优化农业生产结构和布局,合理利用现有的土地资源,走生态农业经济的道路。继续开展退耕还林(草)工程,强化生态功能区建设,提高植被覆盖率,减少水土流失,防治石漠化。加强生态环境保护的法制建设和监督管理。建立生态环境监测体系和信息网络,加大生态保护技术的创新和推广,特别是生物多样性保护、生态破坏恢复技术、自然资源替代技术、生态产业的开发和推广,不断提高科学技术在生态保护中的支撑能力(张英,2001)。加强气候变化对生态环境影响和应对措施的研究,积极开展生态环境监测技术、信息技术、生态灾害监控预警预报技术的研究与应用,增强对突发性自然灾害的应急处理能力。加强宣传教育,提高全民的生态环境保护意识。

12.3　气候变化对海南人体健康和旅游的影响

12.3.1　观测到的气候变化影响

(1)对人体健康的影响

俞善贤等(2005)利用海南省 8 个气象站从建站(大都在 20 世纪 50 年代)到 2001 年的月平均气温资料,以 21℃ 作为适于登革热传播的最低温度,借助地理信息系统,对 1986 年前、1986—2001 年、2020—2030 年和 2050 年四个阶段历年 1 月份月平均气温的平均值 T_0、T_1、$T_{1+1℃}$ 和 $T_{1+2℃}$ 进行空间分析,对比各个不同时期登革热传播下限温度指标所确定的等值线的变化,绘制了受冬季气候变暖影响可能产生的风险区域(图 12.2),并在埃及伊蚊日存活率 $P=0.89$ 的条件下,计算了各个站点不同时期感染蚊的传染性寿命,分析了气候变暖对登革热流行潜势的影响及影响程度(表 12.1)。从图 12.2 和表 12.1 可以看出,1986 年以前的 21℃ 等值线在三亚市以南,而随着气候逐渐变暖,21℃ 等值线不断北移。1986 年前,位于海南省南部的三亚市已基本具备登革热终年流行的气温条件。至 1986—2001 年,三亚市已完全具备登革热终年流行的气温条件。地处海南省南部的西沙和珊瑚岛各个不同时期登革热的流行潜势均处在较高水平。目前,三亚市已完全具备登革热终年流行潜势。

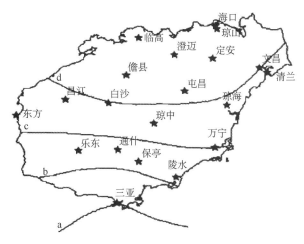

图 12.2　海南省不同时期的 21℃等值线

(a,b,c,d 分别为 T_0、T_1、T_{1+1}℃ 和 T_{1+2}℃ 的 21℃等值

线)(引自:俞善贤等,2005)

表 12.1　海南省 8 个气象站不同时期冬季蚊虫传染性寿命的变化

(引自:俞善贤等,2005)

时期	冬季蚊虫传染性寿命(d)							
	海口	东方	儋州	琼海	三亚	陵水	西沙	珊瑚岛
1986 年前	0.23	0.44	0.19	0.38	1.05	0.77	1.51	1.59
1986—2001 年	0.47	0.74	0.43	0.61	1.33	0.99	1.68	1.72
至 2020—2030 年	0.69	0.98	0.64	0.84	1.57	1.24	1.91	1.94
至 2050 年	0.92	1.22	0.87	1.08	1.80	1.47	2.13	2.16

海南省一直是我国疟疾流行最严重的地区之一,也是疫情波动最频繁的地区,近年来的发病率居于全国首位,在海南省的传染病发病中居于前三位,有资料显示 1990—1999 年海南省疟疾病例数占同期法定报告传染病总数的 38.32%(杜建伟,2001)。温亮等(2003)分析了 1995—2000 年海南省疟疾发病情况。6 年中海南省年均发病率在 0.457‰~0.834‰之间,平均年发病率为 0.563‰,总体趋势为平稳地缓慢下降,但 1998 年有一个明显的回升。疟疾高发时间在每年 5—11 月,占病人总数的 75%。发病率虽有明显季节性升降,但逐年变化不大,并不呈现暴发的征象,显示海南省总体上是一稳定性疟区。海南疟疾的流行有着显著的地理分界,儋州、屯昌、琼海以北地区 9 市、县年均发病率均在 0.1‰以下,基本处于散发状态,而中南部 10 市县呈地方性多发流行,虽其人口总数不到全省人口 50%,但其年发病人数占全省年发病总数的 96.4%,对海南全省发病的起伏起着主导作用。对于稳定性疟区的疟疾流行消长变化,地理气候因素可能起着主要作用。海南省 1995—2000 年的疟疾发病资料表明了疟疾病例的消长以年度为长度发生着周期性变化,这与一年中气候的周期变动是明显相关的(温亮等,2003)。针对 1998 年海南省疟疾发病数的回升,有分析指出可能与受厄尔尼诺现象影响造成春暖,从而媒介高峰和疟疾流行季节提前并延长有关(庞学坚,1999)。

(2)对旅游的影响

旅游业是高度依赖自然环境和气候条件的产业。海南省 11—3 月为旅游旺季,4—10 月为淡季,这与各月的气候舒适度关系密切。海南的 11—3 月气候舒适或暖,非常适宜于"避寒"和度假等旅游活动,而这段时期我国大陆上从南到北为稍冷、冷和很冷(刘继韩,1991)。极端天气气候对旅游业的影响最为突出。由于持续时间、强度大小的不同,不同极端天气气候对旅游业的影响存在较大差异。高温热浪、寒冷天气、干旱主要通过降低气候舒适度,导致人们不愿去旅游;浓雾、雪灾主要通过阻断交通,导致人们不能去旅游;暴雨洪水、热带气旋、局地强对流天气(冰雹、龙卷风、雷电)常常危及到人们的生命安全,使得人们不敢去旅游。2008 年 1 月的低温雨雪冰冻灾害导致广东、广西部分景区、旅游公共服务设施、旅游道路不同程度损坏;大量绿化植被和古树冻死冻坏;游船游艇等游乐设施设备不能正常运转,停车场、游步道和旅游标识标牌大量损坏,因灾客流损失量和损失率,广东分别为 11.7 万人和

0.41%,广西分别为3.4万人和3.4%(马丽君等,2010)。

12.3.2　未来气候变化的可能影响

(1)对人体健康的可能影响

气候变化对人体健康可以产生多种影响,直接影响包括温度升高、热浪、洪水等对人体健康带来的影响;间接影响的潜在危害更大,如对饮水供应、卫生设施、农业生产、食品安全以及媒介传播疾病和介水传播疾病的影响,等等。气候变化对人体健康的直接影响之一表现为高温热浪对健康的热效应。随着全球变暖,热浪发生频频和强度增大,炎热的天气将使中暑发生率、居民死亡率大大增加。此外,还会加速呼吸系统、消化系统及心血管等疾病的发病。

气候变暖可能导致某些传染性疾病的传播和复苏,尤其是虫媒传播疾病。虫媒传染病的三大流行趋势是,新的病种不断被发现、原有的流行区域不断扩展、疾病流行的频率不断增强。研究表明,至2020—2030年,海南省位于东南部的陵水可能具备登革热终年流行的潜势。而到2050年地处海南省北部的琼海市也可能变成终年适于登革热传播的地区。到时,海南省的大部分地区很可能由非地方性流行区转变为地方性流行区,使登革热的潜在危害性更严重(俞善贤等,2005)。冬天最低气温较小幅度的升高都会促使疟疾扩散到当时没有疟疾并且无免疫力的居住区。根据气候变化对疟疾流行模式的影响,在热带和温带地区,疟疾流行的危险性将呈明显上升。全球平均气温升高3~5℃,疟疾病人数在热带地区将增加两倍。

气候变化也会使大气污染更加恶化,从而影响人体健康。气候变暖导致飓风、洪水、干旱等极端气候事件和的气候条件,不仅威胁人类生命,且会触发某些虫媒病的暴发流行。

(2)对旅游的可能影响

旅游业是易受气候变化影响的产业,气候变化对海南旅游业的影响主要体现在旅游资源、旅游市场、旅游产品、旅游服务体系、旅游社会经济效益等方面。全球气候变化可能导致海南水域类、生物类、建筑遗址人文类等旅游资源的数量、质量及其空间分布等方面发生变化。气候变暖及其导致的海平面上升将对誉为"寸沙寸金"的旅游沙滩资源造成很大危害。有学者还初步探讨了海南旅游胜地三亚湾、大东海、亚龙湾和石梅湾四处海滨沙滩在全球海平面上升20 cm和50 cm的情况下的海岸侵蚀情况,结果给出大东海海滨沙滩将因淹没和侵蚀引起的总后退量为8 m左右,其余三个海滩后退量将达到20 m以上,海滩的损失将导致滨海旅游业客容量减少的结论(黄巧华和吴小根,1997)此外,气候变化和海平面的上升,对红树林和珊瑚礁的生存有着极大的压迫和危机。以红树林和珊瑚礁为主的旅游区将受到不同程度的影响。全球气候变化会对现代和未来的包含建筑设计、建筑维护、建筑施工、建筑材料等诸多因素在内的建筑环境产生显著影响。许多遗址遗迹类文化遗产本身较为脆弱,经气候变化影响,可能进一步加剧这类旅游资源的破坏,缩短旅游资源生命周期。

由于游客对气候的依赖性极高,气候变化将引起全球旅游市场格局的变化。市场将受到气候变化的影响,由于全球气候变化与能源问题的影响,出境旅游的成本将逐步上升,因此,海南的旅游客流可能转向国内客流为主。在全球变暖的情景下,夏季海南避暑、休疗养等海滨型、森林型等旅游市场需求可能有增加。气候变化导致的极端天气事件频发和传染性疾病的传播也将使人们对外出旅游产生恐惧心理,从而减少人们对旅游的心理需求。

气候变暖将使臭氧层变薄会增加紫外线对人体的伤害,可能最终影响人们对日光浴和海滩旅游的态度,海平面上升,厄尔尼诺和风暴潮等增多,这将提高海滨度假和滨海旅游产品开发要求,从而对旅游产品造成影响。气候变化使旅游设施与旅游交通遭到较为严重的破坏。气候变化将直接导致旅游保险成本变大,这将加重游客花费,对出游率造成一定负面影响。气候变化导致传染性疾病的快速传播,影响到旅游安全系数降低,给旅游服务体系带来不少难题。

12.3.3　适应选择与对策建议

(1)人体健康领域适应气候变化的对策建议

完善气候变化与人体健康联动的监测系统。加强高温、低温、灰霾和酸雨等与人体健康相关的天气变化和极端气候事件的监测、预警,实时、详细、系统地预报其对人体健康的危害。及时分析、研究气候变化对人体健康的影响和危害,加强对气候变化引起的呼吸道疾病、肿瘤等疾病的监测工作。完善气候变化导致的突发卫生事件的应急处置。开展气候变化对人体健康的风险评估,制定气候变化对人体健康影响的风险级别。建立健全气候变化对人体健康危害的应急预案,提高抵御风险和应急处置突发卫生事件的能力。强化卫生部门和气象部门的协调机制。卫生部门和气象部门要在气候变化对人体健康影响的信息通报、联合发布、联合科研攻关、交流合作等方面建立有效的协调机制,两个部门要根据各自工作基础、能力和需求,明确工作分工、合作与目标、任务,科学制定工作计划,充分发挥两个部门各自的专长和资源效能。

(2)旅游业适应气候变化的对策建议

要将气候变化的因素纳入旅游发展的各个阶段,在制定国家及地方旅游发展规划时,要充分考虑气候特征和气候变化的因素。通过举办气候变化培训,鼓励游客出行时选择环境友好型交通工具和旅游活动,制定、修改相关标准及条款等,引导旅游全行业提高气候变化的意识和能力。考虑到气温上升引起、滨海旅游资源的消亡,以及对遗址遗迹文化型旅游资源的破坏,要积极加强旅游资源的保护,要积极利用气候变暖适游时间延长的特点,及时补充旅游产品,丰富旅游内容,利用和整合因气候变化衍生的新型旅游资源,积极开发与气候因素密切相关的新型旅游产品。加强旅游基础设施建设,提高缓解或抵抗极端气候变化的应变能力,将气候变化对旅游业的影响作为约束条件进行考虑,并将这一要求具体地落实到建设项目中。逐步建立气候变化对旅游业影响的监测系统,完善极端气候的监测预警应急机制,加强气候变化及其影响不确定性的科学监控,建立应对气候变化的信息支持系统,增强主动适应气候变化的综合能力。成立旅游业应对气候变化的管理机构,加快建立相配套的法规体系,制订相应的标准、监测和考核规范,编制针对旅游企业、旅游者和旅游管理者的应对气候变化操作指南,建立健全应对气候变化的保障机制。

附录 重要概念

度日:是某一时段内每日平均温度和某基准温度之差的总和。度日分为两种类型,制冷度日和采暖度日。一段时间内日平均温度高于基础温度的累积度数称为制冷度日,一段时间内低于基础温度的累积度数称为采暖度日。在《报告》中分别以26℃和18℃作为制冷度日和采暖度日的基准温度。

风暴潮:由于热带气旋、温带气旋、冷锋的强风作用或气压骤变引起的海面异常升降现象,又称风暴增水或气象海啸。

复种指数:一个生长年度内,一块农田或一个地区农作物总播种面积与耕地面积之比,用百分数表示,是反映耕地利用程度的指标。

海岸侵蚀:在海岸和海洋动力作用下,造成海岸线后退和海滩下蚀的现象。

海平面上升:一般指由于全球变暖使海洋体积改变而导致的全球平均海平面上升。相对海平面上升是指海平面相对于陆地的局地上升,这可能是由于海面升高和/或地面沉降所致。在一些地区由于地面快速抬高,相对海平面会下降。

季节:采用气象季节划分方法,即上年12月至当年2月为冬季、3—5月为春季、6—8月为夏季、9—11月为秋季。

加权平均:根据重要性分别给每个模式数据赋予不同的权重而得到的平均数。

径流量:一定时段内通过某一河流断面的水量。

距平:气候要素值(如温度、降水)与多年平均值的偏差。高于平均为正距平,低于平均为负距平。

均一性:均一性的气候资料是指测站得到的气候资料序列仅仅是气候实际变化的反映,它只反映大气环境变化的信息。但在气候资料观测过程中,由于台站迁移等非气候因素的影响,导致了资料序列中的非均一性。

霾:悬浮在空中肉眼无法分辨的大量微粒,使水平能见度小于10千米的天气现象。华南区域将受到人类活动显著影响的霾称为灰霾。当日能见度<10千米,日平均相对湿度<90%时为一个灰霾日。

南海夏季风:南海与南海诸岛每年5月至9月盛行的西南季风。

气候预估:计算出的气候系统对温室气体和气溶胶的排放或浓度情景、或辐射强迫情景的响应,通常基于气候模式的模拟。气候预估与气候预测不同,气候预估主要依赖于所采用的排放/浓度/辐射强迫情景,因而取决于对未来社会经济和技术发展状况很大不确定性的假设。而气候预测是试图对未来的实际气候演变作出估算,例如季、年际的或更长时间尺度的气候演变。

热带气旋:生成于热带或副热带洋面上,具有有组织的对流和确定气旋性环流的非锋面性涡旋的统称,包括热带低压、热带风暴、强热带风暴、台风、强台风和超强台风。

热岛:异于郊区的城市特殊地面(下垫面),由于人类生活、生产活动而使得城市气温明显高于周围郊区的现象。

珊瑚白化:由于全球气候变暖,海水温度升高,使为珊瑚虫提供营养的共生虫黄藻大量离去或死亡,而导致珊瑚白化和死亡的现象。

物候期:动物、植物随季节变化开始出现某种生命活动现象的日期。

雾日:当近地面空气层中悬浮的大量微小水滴(或冰晶),使该日水平能见度降到1千米以下时为一个雾日。

咸潮:冬末春初上游来水量减少,江河水位下降,受潮汐影响,海水沿河口上溯,造成内河水体因含盐量升高而变咸的现象。

汛期:流域内由于季节性降水集中,导致河水在一年中显著上涨的时期。华南汛期分为前汛期、后汛期。前汛期指4—6月出现的多雨时期,降水过程主要与冷暖空气的交绥以及华南低空西南急流有关。后汛期指7—9月出现的多雨时期,降水主要与台风、热带辐合带等热带天气系统影响有关。

参考文献

Duchon C E. 1979. Lanczos filtering in one and two dimensions. *Journal of Applied Meteorology*, 18(8):1016-1022

Gao X, Shi Y, Song R Y, et al. 2008. Reduction of future monsoon precipitation over China: Comparison between a high resolution RCM simulation and the driving GCM. *Meteorology and Atmospheric Physics*, **100**:73-86. doi:10.1007/s00703-008-0296-5

Giorgi F. 1990. Simulation of regional climate using a limited area model nested in a general circulation model. *Journal of Climate*, **3**:941-963

Giorgi F, Marinucci M R, Bates G T, et al. 1993a. Development of a second generation regional climate model (RegCM2). I. Boundary-layer and radiative transfer processes. *Monthly Weather Review*, **121**:2794-2813

Giorgi F, Marinucci M R, Bates G T. 1993b. Development of a second generation regional climate model (Reg-CM2). II. Convective processes and assimilation of lateral boundary conditions. *Monthly Weather Review*, **121**:2814-2832

Kadioglu M, Sen Z. 1999. Degree-day formulations and applied in Turkey. *Journal of Applied Meteorology*, 38(6):837-846

Leggett J, Pepper W J, Swart R J, et al. 1992. "Emissions Scenarios for the IPCC: An Update", Climate Change 1992: The Supplementary Report to The IPCC Scientific Assessment. UK: *Cambridge University Press*, 68-95

Nakicenovic N, Swart R, et al. 2000. *Special Report on Emissions Scenarios*. Cambridge, United Kingdom: Cambridge University Press, 1-612

Pal J S, Giorgi F, Bi X, et al. 2007. Regional climate modelling for the developing world: The ICTP RegCM3 and RegCNET. *Bulletin of the American Meteorological So022rty*, **88**:1395-1409

Sailor J David. 2001. Relating residential and commercial sector electricity loads to climate-evaluating state level sensitivities and vulnerabilities. *Energy*, **26**:645-657

Shepherd J M, Pierce H, Negri A J. 2002. Rainfall modification by major urban areas: observations from spaceborne rain radar on the TRMM satellite. *J. Appl. Meteor.*, **41**(7):689-701

Xie P P, Akiyo Yatagai, Chen M Y, et al. 2007. A gauge-based analysis of daily precipitation over East Asia. *Journal of Hydrometeorology*, **8**(3):607-626

Xu Y, Gao X J, Shen Y, et al. 2009. A daily temperature dataset over China and its application in validating a RCM simulation. *Advances in Atmospheric Sciences*, **26**(4):763-772

Zhou T J, Yu R C. 2006. Twentieth century surface air temperature over China and the globe simulated by coupled climate models. *Journal of Climate*, **19**(22):5843-5858

蔡锋,苏贤泽,夏东兴.2004.热带气旋前进方向两侧海滩风暴效应差异研究.海洋科学进展,22(4):436-445

陈莉,方修琦,李帅等.2008.气候变暖对中国夏热冬冷地区居住建筑采暖降温年耗电量的影响.自然资源学报,23(5):764-771

陈奇礼,许时耕.1995.海平面上升后粤西沿海潮汐的变化.海洋通报,14(1):7-10

陈新光,钱光明,陈特固等.2006.广东气候变换若干特征及其对气候带变化的影响.热带气象学报,22(6):547-552

陈新光,王华,邹永春等.2010.气候变化背景下广东早稻播期的适应性调整.生态学报,30(17):4748-4755

陈正洪,王海军,任国玉等.2005.湖北省城市热岛强度变化对区域气温序列的影响.气候与环境研究,10(4):771-779

初子莹,任国玉.2005.北京地区热岛强度变化对区域温度序列的影响.气象学报,63(4):534-540

丁金才,周红妹,叶其欣.2002.从上海市热岛演变看城市绿化的重要意义.气象,28(2):22-24

杜碧兰.1997.海平面上升对中国沿海主要脆弱区的影响及对策.北京:海洋出版社

杜建伟.2001.近10年海南省疟疾流行趋势分析.中国寄生虫病防治杂志,14(4):309-310

杜尧东,宋丽莉,毛慧琴等.2004.广东地区的气候变暖及其对农业的影响与对策.热带气象学报,20(3):302-310

杜尧东,段海来.2010.全球气候变化下中国亚热带地区柑橘气候适宜性.生态学杂志,29(5):833-839

段海来,千怀遂,俞芬等.2008.华南地区龙眼的温度适宜性及其变化.生态学报,28(11):5303-5313

段海来,千怀遂.2009a.广州市城市电力消费对气候变化的响应.应用气象学报,20(1):80-87

段海来,千怀遂.2009b.华南地区龙眼种植的温度风险评估.地理研究,28(4):1095-1104

段海来,千怀遂,李明霞等.2010.中国亚热带地区柑橘的气候适宜度.应用生态学报,**21**(8):1915-1925

方锋,白虎志,赵红岩.2007.中国西北地区城市化效应及其在增暖中的贡献率.高原气象,**26**(3):579-585

高歌,陈德亮,任国玉等.2006.1956—2000年中国潜在蒸散量变化趋势.地理研究,**25**(3):378-387

高学杰,赵宗慈,丁一汇.2003a.温室效应引起的中国区域气候变化的数值模拟Ⅱ:中国区域气候的可能变化.气象学报,**61**(1):29-38

高学杰,赵宗慈,丁一汇.2003b.区域气候模式对温室效应引起的中国西北地区气候变化的数值模拟.冰川冻土,**25**(2):165-169

广东省海洋与渔业局.2009.2008年广东省海洋环境质量公报

广东省气候变化评估报告编制课题组.2007.广东气候变化评估报告.广东气象,**23**(9):1-6

广东省气候中心.2000.2000年度广东省气候影响评价

广东省气候中心.2004.2004年度广东省气候影响评价

广西壮族自治区环境保护厅.2010.2009年广西壮族自治区环境状况公报

广西壮族自治区人民政府.2009.广西壮族自治区应对气候变化方案,桂政发(2009)74号

国家海洋局.2008.2007年中国海平面公报

韩秋影,黄小平,施平等.2006.华南滨海湿地的退化趋势、原因及保护对策.科学通报,**51**(增刊Ⅱ):102-107

何洪钜.1994.海平面上升对珠江三角洲风暴潮的可能影响.见:海平面上升对中国三角洲地区的影响与对策.北京:科学出版社

胡业翠,刘彦随,吴佩林等.2008.广西喀斯特山区土地石漠化态势、成因与治理.农业工程学报,**24**(6):96-101.

黄军军,兰雪琼.2002.种植结构改变对广西蔬菜病虫害发生的影响及控制对策.广西农业科学,(2):104-105

黄梅丽,林振敏,丘平珠.2008.广西气候变暖及其对农业的影响.山地农业生物学报,**27**(3):200-206

黄巧华,吴小根.1997.海南岛的海岸侵蚀.海洋科学,(6):50-52

黄晓莹,温之平,杜尧东等.2008.华南地区未来地面温度和降水变化的情景分析.热带气象学报,**24**(3):254-258

黄珍珠,李春梅.2007.气候增暖对广东省植物物候变化的影响.气象科技,**35**(3):400-403

黄镇国,谢先德,范锦春等.2000.广东海平面变化及其影响与对策.广州:广东科技出版社

黄镇国,张伟强,陈奇礼等.2003.海平面上升对广东沿海工程设计参数的影响.地理科学,**23**(1):39-41

黄镇国,张伟强.2004.南海现代海平面变化研究的进展.台湾海峡,**23**(4):530-535

居辉,林而达,钟秀丽.2000.气候变化对我国森林生态的影响.生态农业研究,**8**(4):20-22

黎伟标,杜尧东,王国栋等.2009.基于卫星探测资料的珠江三角洲城市群对降水影响的观测研究.大气科学,**33**(6):1259-1266

李崇银,张利平.1999.南海夏季风活动及其影响.大气科学,**23**(3):257-266

李世忠,唐伍斌,唐欣.2009a.气候条件对家燕物候期变化的影响.安徽农业科学,**37**(18):8531-8532

李世忠,唐欣.2009b.桂北地区蟋蟀物候对气候变暖的响应.安徽农业科学,**37**(17):8017-8019

李世忠,谭宗琨,夏小曼等.2010.桂北动物物候气候变暖响应.气象科技,**38**(3):377-382

李淑华.1994.气候变化与害虫的生长繁殖、越冬和迁飞.华北农学报,**9**(2):110-114

李水明,舒宁,王国聪等.2006.广西石漠化的成因分析和发展趋势预测.广西科学院学报,**22**(3):193-196

李天杰.1995.上海市区城市化对降水的影响初探.水文,**15**(3):34-41

李艳,陈晓宏,王兆礼.2006.人类活动对北江流域径流系列变化的影响初探.自然资源学报,**21**(6):910-914

李猷,王仰麟,彭建等.2009.海平面上升的生态损失评估——以深圳市蛇口半岛为例.地理科学进展,**28**(3):417-423

连军豪.2005.广东红树林的现状及发展对策.广东科技,(11):37-38

梁建茵,吴尚森.2002.南海西南季风爆发日期及其影响因子.大气科学,**26**(6):829-84

刘继韩.1991.海南省的旅游气候分析.热带地理,**11**(1):71-78

刘孟兰,郑西来,韩联民.2007.南海区重点岸段海岸侵蚀现状成因分析与防治对策.海洋通报,**26**(4):80-84

刘学锋,于长文,任国玉.2005.河北省城市热岛强度变化对区域地表平均气温序列的影响.气候与环境研究,**10**(4):763-770

刘彦随,邓旭升,胡业翠.2006.广西喀斯特山区土地石漠化与扶贫开发探析.山地学报,**24**(2):228-233

鹿世瑾.1990.华南气候.北京:气象出版社

吕春花,孙清,董伟.1996.海平面上升对珠江三角洲经济和环境的可能影响及其防御措施.热带海洋,**15**(3):14-20

罗桂湘.2007.广西石漠化及其气候因素初探.气象研究与应用,**28**(增刊Ⅰ):74-75

罗森波,纪忠萍,马煜华等.2007.2002—2004广东电力负荷的变化特征及预测.热带气象学报,**23**(2):153-161

M.M.Q.米扎尔,常箭(译).2009.气候变化对水力发电的影响.水利水电快报,**30**(2):9-18

马丽君,孙根年,马耀峰等.2010.极端天气气候事件对旅游业的影响—以2008年雪灾为例.资源科学,**32**(1):107-112

蒙光丽,陈作雄.2001.论21世纪广西生态环境与农业可持续发展//广西壮族自治区科学技术协会首届学术年会.南宁:广西科学技术协会,300-301

庞学坚.1999.1998年海南疟疾趋势.海南医学,**10**(3):137

气候变化国家评估报告编写委员会.2007.气候变化国家评估报告,北京:科学出版社

秦大河,丁一汇,苏纪兰等.2005.中国气候与环境演变(上卷):气候与环境的演变及预测.北京:科学出版社

任春艳,吴殿廷,董锁成.2006.西北地区城市化对城市气候环境的影响.地理研究,**25**(2):233-241

任国玉,郭军.2006.中国水面蒸发量的变化.自然资源学报,**21**(1):31-44

任国玉,姜彤,李维京等.2008.气候变化对中国水资源情势影响综合分析.水科学进展,**19**(6):772-779

石英,高学杰.2008.温室效应对我国东部地区气候影响的高分辨率数值试验.大气科学,**32**(5):1006-1018

时小军,余克服,陈特固.2007.南海周边中全新世以来的海平面变化研究进展.海洋地质与第四纪地质,**27**(5):121-132

时小军,陈特固,余克服.2008.近40年来珠江口的海平面变化.海洋地质与第四纪地质,**28**(1):127-134

水利部珠江水利委员会.2006.保障澳门、珠海供水安全专项规划报告

苏永秀.2000.新中国建国以来广西粮食产量变化特征初步分析.广西农业科学,(5):229-232

孙继松,舒文军.2007.北京城市热岛效应对冬夏季降水的影响研究.大气科学,**31**(2):311-320

唐国利,任国玉,周江.2008.西南地区城市热岛强度变化对地面气温序列影响.应用气象学报,**19**(6):722-730

王广伦,杜尧东,罗晓玲.2005.广东近年大旱、大涝的反思.广东气象,(4):17-19

王琴芳.2008.广西雨雪冰冻灾害对林业的影响及灾后重建对策.中南林业调查规划,**27**(3):17-20

王绍武,龚道溢.2001.对气候变暖问题争议的分析.地理研究,**20**(2):153-160

王祝雄,闻宏,伟莫沫.2008.做好灾后调查评估科学组织灾后重建—广西壮族自治区灾后林业恢复重建调研报告.林业经济,(4):21-24

魏一鸣,吴刚,刘兰翠等.2005.能源—经济—环境复杂系统建模与应用进展.管理学报,**2**(2):159-170

温亮,徐德忠,王善青等.2003.海南省疟疾发病情况及利用气象因子进行发病率拟合的研究.中华疾病控制杂志,**7**(6):520-524

闻平,杨晓灵.2006.2004—2005年冬春珠江三角洲咸潮预警的评价分析.人民珠江,(3):10-11

翁乾麟.2001.论广西的生态问题.学述论坛,**145**(2):80-83

吴尚森,梁建茵.2001.南海夏季风强度指数及其变化特征.热带气象学报,**17**(4):337-344

吴息,缪启龙,顾显跃.1999.气候变化对长江三角洲地区工业及能源的影响分析.南京气象学院学报.**22**(1):541-546

吴息,王晓云,曾宪宁等.2000.城市化效应对北京市短历时降水特征的影响.南京气象学院学报,**23**(1):68-72

吴增祥.2005.气象台站历史沿革信息及其对观测资料序列均一性影响的初步分析.应用气象学报,**16**(4):461-467

胥加仕,罗承平.2005.近年来珠江三角洲咸潮活动特点及重点研究领域探讨.人民珠江,(2):21-23

许吟隆,Richard Jones.2004.利用ECMWF再分析数据验证PRECIS对中国区域气候的模拟能力.中国农业气象,**25**(1):5-9

许吟隆,黄晓莹,张勇等.2005.中国21世纪气候变化情景的统计分析.气候变化研究进展,**1**(2):80-83

许吟隆,张勇,林一骅等.2006.利用PRECIS分析SRES B2情景下中国区域的气候变化响应.科学通报,(17):2068-2074

许吟隆,黄晓莹,张勇等.2007.PRECIS对华南地区气候模拟能力的验证.中山大学学报(自然科学版),**46**(5):93-97

闫慧敏,刘纪远,曹明奎.2005.近20年中国耕地复种指数的时空变化.地理学报,**60**(4):259-267

严青华,张永慧,马文军等.2011.广州市2006—2009年气温与居民每日死亡人数的时间序列研究.中华流行病学杂志,**32**(1):13-16

杨干然,李春初,罗章仁等.1995.海岸动力地貌学研究及其在华南港口建设中的应用.广州:中山大学出版社

杨桂山,施雅风.1995.海平面上升对中国沿海重要工程设施与城市发展的可能影响.地理学报,**50**(4):302-309

姚凤梅,张佳华,孙白妮等.2007.气候变化对中国南方稻区水稻产量影响的模拟和分析.**12**(5):659-660

游大伟,汤超莲,邓松.2009.珠江口近15年海平面变化特点及其与强咸潮发生的关系.广东气象,**31**(3):4-5

俞善贤,李兆芹,滕卫平等.2005.冬季气候变暖对海南省登革热流行潜势的影响.中华流行病学杂志,**26**(1):25-28

曾侠,钱光明,潘蔚娟.2004.珠江三角洲都市群城市热岛效应初步研究.气象,**30**(10):12-15

曾昭璇,黄伟峰.2001.广东自然地理.广州:广东人民出版社

张海东,孙照渤.2008.气候变化对我国取暖和降温耗能的影响及优化研究.北京:气象出版社,172-174

张建云,王国庆.2007.气候变化对水文水资源影响研究.北京:科学出版社

张俊香,黄崇福,刘旭拢.2008.广东沿海风暴潮灾害的地理分布特征和风险评估.应用基础与工程科学学报,**16**(3):393-402

张乔民.2001.我国热带生物海岸的现状及生态系统的修复与重建.海洋与湖沼,**32**(4):454-464

张伟强,黄镇国,连文树.1999.广东沿海地区海平面上升影响综合评估.自然灾害学报,**8**(1):78-87

张英.2001.谈西部大开发的广西生态环境保护//广西壮族自治区科学技术协会首届学术年会.南宁:广西科学技术协会,25-26

郑森强,梁建茵.1998.厄尔尼诺事件对广东省稻飞虱大发生的影响.植保技术与推广,**18**(6):3-4

中国建筑科学研究院,重庆大学.2002.夏热冬冷地区居住建筑节能设计标准 JCJ134-2001.北京:中国建筑工业出版社,3-8

钟宝玉,邹寿发,张扬等.2007.广东省水稻螟虫种群结构及其主要影响因素.广东农业科学,**6**:51-54

钟保磷.1996.深圳的城市热岛效应.气象,**22**(5):23-24

钟利华,周绍毅,邓英姿等.2007a.广西今年高温干旱灾害及对电力供求的影响.灾害学,**22**(3):81-84

钟利华,周绍毅,李勇等.2007b.广西电网电力负荷变化特征与气温的关系及其预测.气象研究与应用,**28**(1):56-59

周红妹,丁金才.1998.气象卫星在上海市热场分布动态监测中的应用研究.大气科学研究与应用,(1):150-155

周淑贞.1985.城市气候学导论.上海:华东师范大学出版社

左书华,李蓓.2008.近20年中国海洋灾害特征、危害及防治对策.气象与减灾研究,**31**(4):28-33

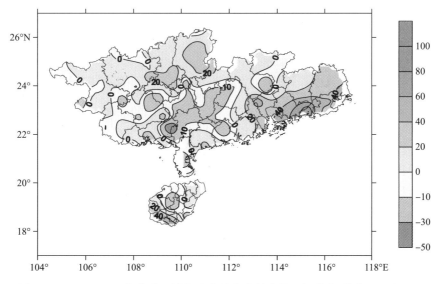

图 2.9　1961—2008 年华南区域年降水量变化趋势的空间分布(单位:mm/10 a)

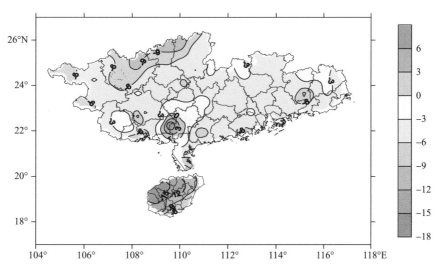

图 2.12　1961—2008 年华南区域年降水日数变化趋势的空间分布(单位:d/10 a)

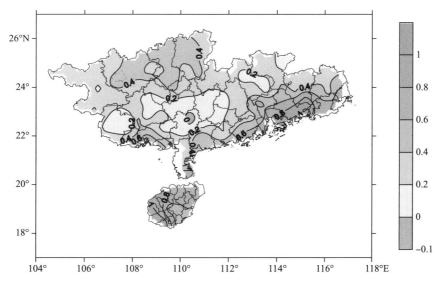

图 2.14　1961—2008 年华南区域年降水强度变化趋势空间分布(单位:(mm/d)/10 a)

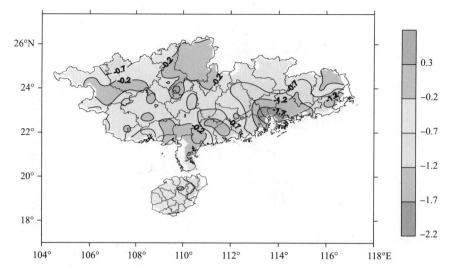

图 2.16　1961—2008 年华南区域年平均相对湿度变化趋势的空间分布(单位:%/10 a)

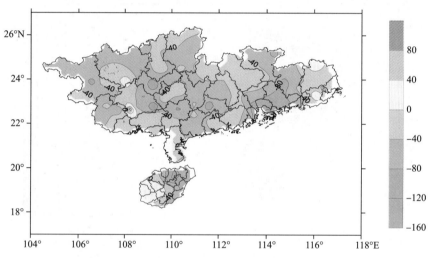

图 2.18　1961—2008 年华南区域年日照时数变化趋势的空间分布(单位:h/10 a)

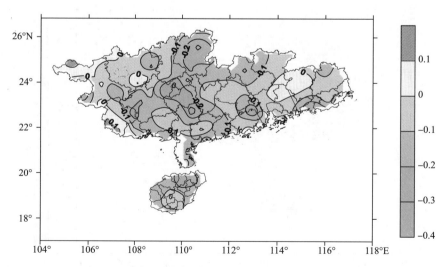

图 2.20　1961—2008 年华南区域年平均风速变化趋势的空间分布(单位:(m/s)/10 a)

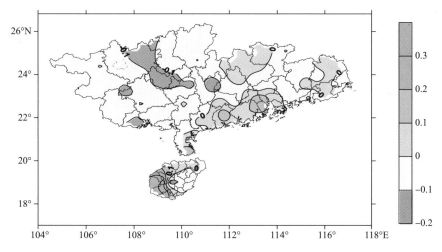

图 2.22　1961—2008 年华南区域总云量变化趋势的空间分布（单位：成/10 a）

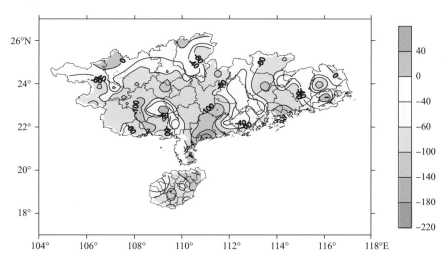

图 2.24　1961—2008 年华南区域水面蒸发量变化趋势的空间分布（单位：mm/10 a）

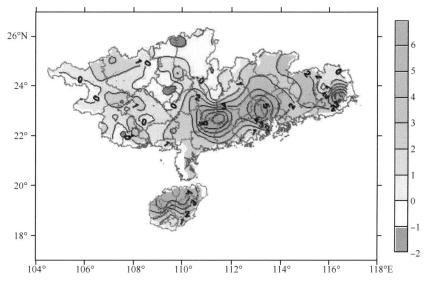

图 3.2　1961—2008 年华南区域高温日数变化趋势的空间分布（单位：d/10 a）

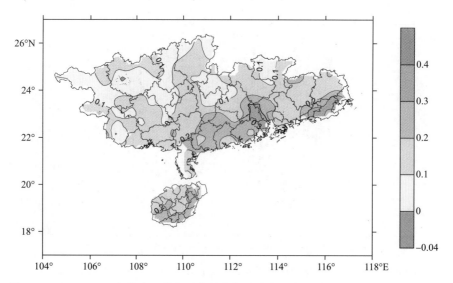

图 3.4　1961—2008 年华南区域年平均最高气温变化趋势的空间分布（单位：℃/10 a）

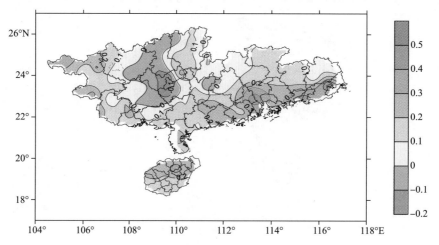

图 3.6　1961—2008 年华南区域极端最高气温变化趋势的空间分布（单位：℃/10 a）

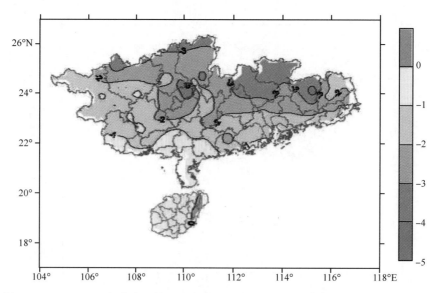

图 3.8　1961—2008 年华南区域≤5℃的低温日数变化趋势的空间分布（单位：d/10 a）

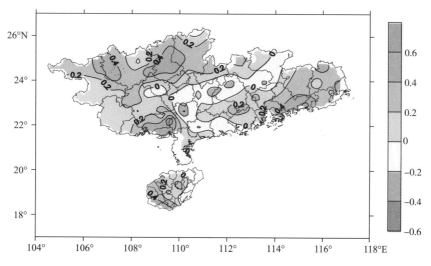

图 3.15 华南区域年暴雨降水频数变化趋势的空间分布(单位:d/10 a)

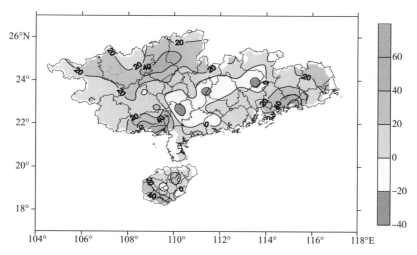

图 3.17 华南区域年暴雨降水量变化趋势的空间分布(单位:mm/10 a)

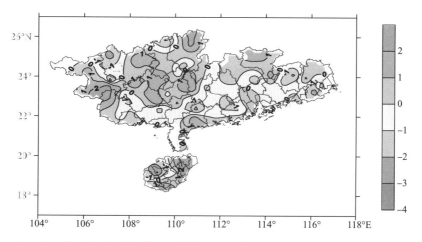

图 3.19 华南区域年暴雨降水平均强度变化趋势的空间分布(单位:mm/10 a)

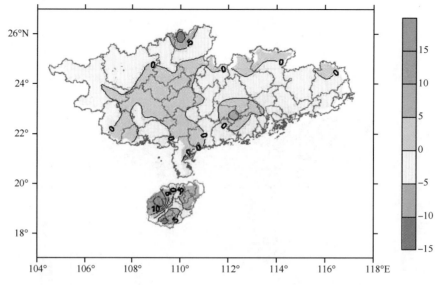

图 3.21　1961—2008 年华南区域雾日数变化趋势的空间分布(单位:d/10 a)

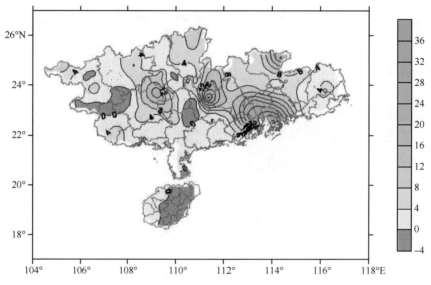

图 3.23　1961—2008 年华南区域霾日数变化趋势的空间分布(单位:d/10 a)

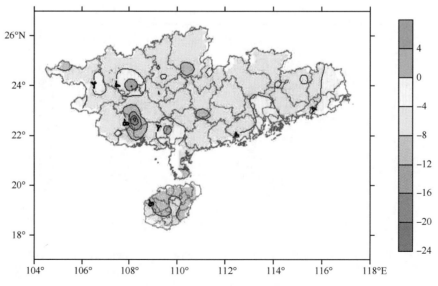

图 3.25　1961—2008 年华南区域雷暴日数变化趋势的空间分布(单位:d/10 a)

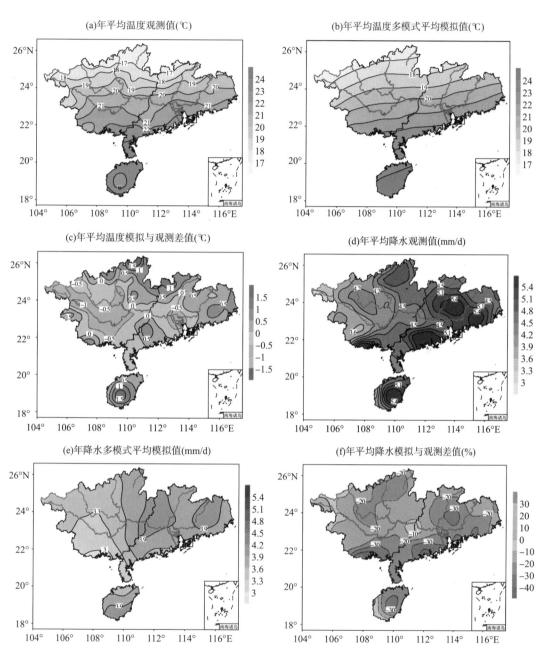

图 5.2　观测和全球气候模式模拟的华南地区 1961—2000 年温度、降水地理分布以及偏差

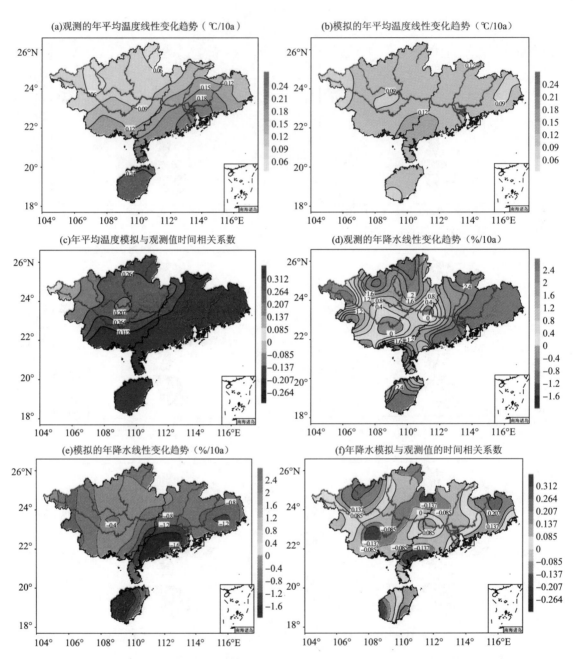

图 5.4　观测和全球气候模式模拟的华南地区 1961—2000 温度降水线性趋势以及时间
相关系数的地理分布图

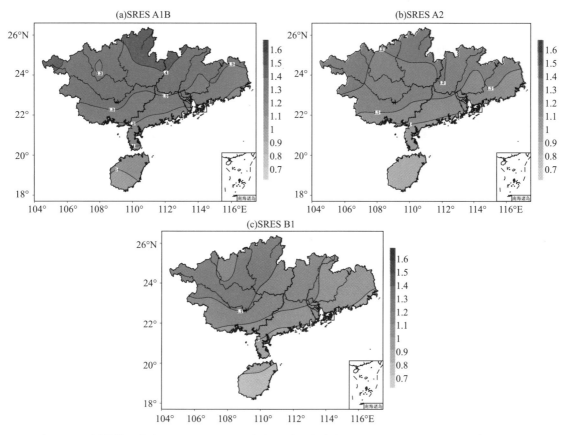

图 5.6 不同情景下华南地区 2031—2050 年年平均温度变化(相对于 1971—2000 年)(单位:℃/a)

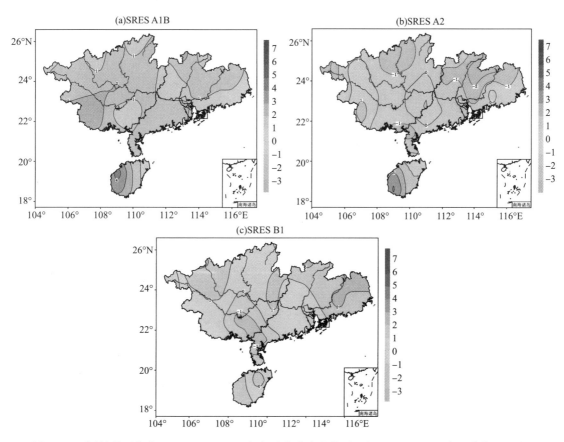

图 5.7 不同情景下华南地区 2031—2050 年年平均降水变化(相对于 1980—1999 年)(单位:mm/a)

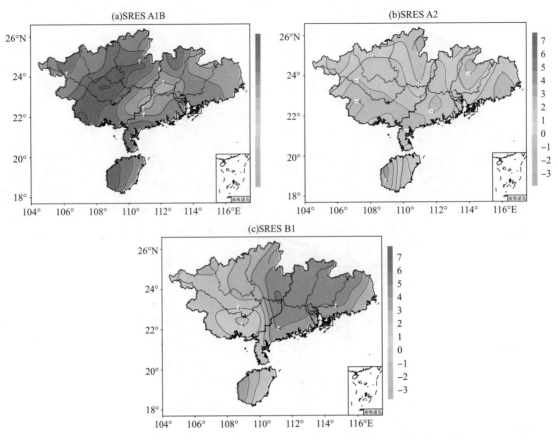

图 5.8　不同情景下华南地区 2051—2070 年年平均降水变化（相对于 1971—2000 年）

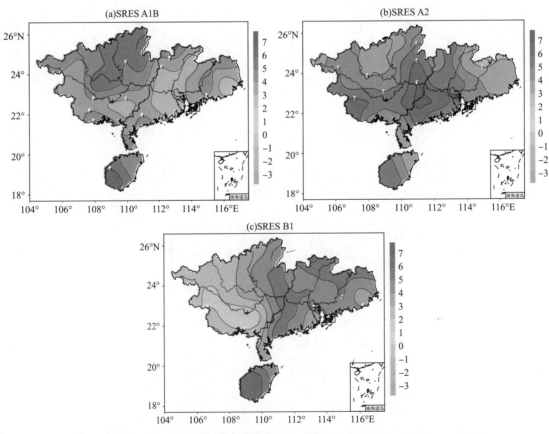

图 5.9　不同情景下华南地区 2071—2090 年年平均降水变化（相对于 1980—1999 年）

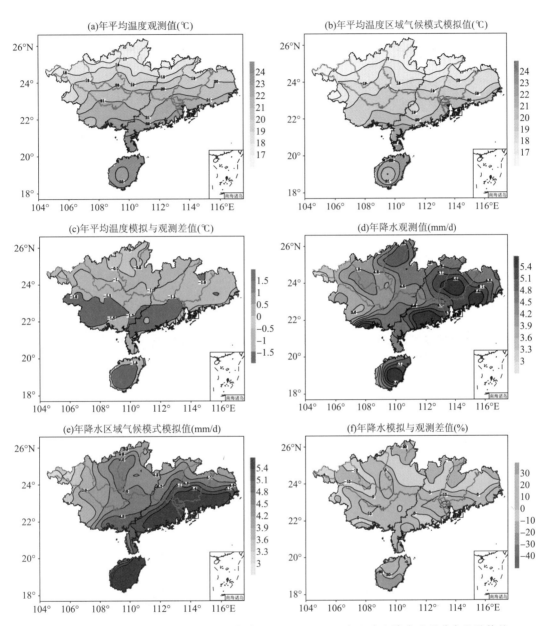

图 5.10 观测和区域气候模式模拟的华南地区 1961—2000 年温度和降水地理分布以及偏差

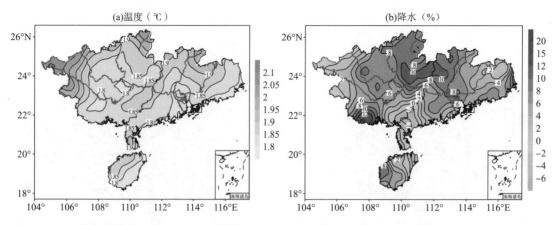

图 5.13　区域气候模式 SRES A1B 情景下 2031—2050 年年平均温度降水变化（相对于 1971—2000 年）

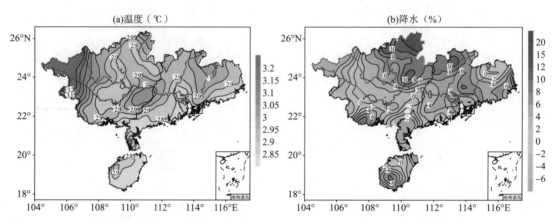

图 5.14　区域气候模式 SRES A1B 情景下 2051—2070 年年平均温度和降水变化（相对于 1971—2000 年）

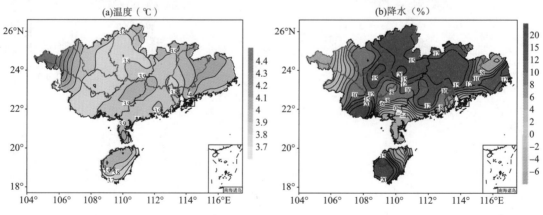

图 5.15　区域气候模式 SRES A1B 情景下 2071—2090 年年平均温度和降水变化（相对于 1971—2000 年）

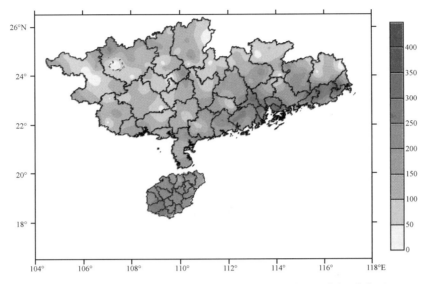

图 9.2　1981—2008 年与 1960—1980 年≥10℃积温差值空间分布(单位:℃·d)

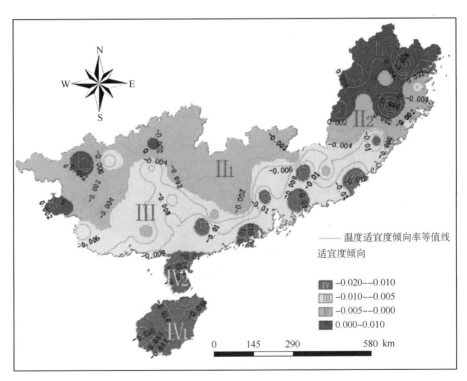

图 9.11　华南地区龙眼温度适宜度变化趋势分类

图 9.17 广东省气候带分布现状(引自陈新光等,2006)

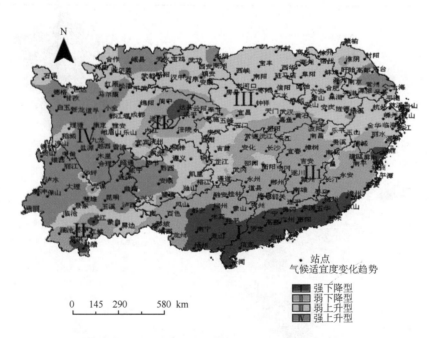

图 9.18 SRES A2 情景下中国亚热带地区柑橘气候适宜度变化

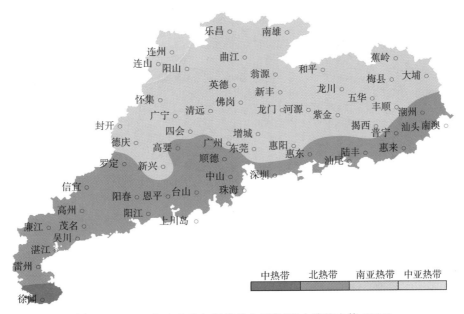

图 9.20　2050 年广东省气候带分布展望(引自陈新光等,2006)

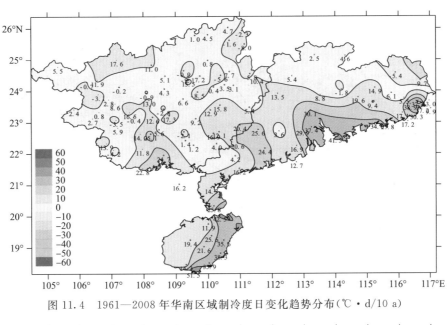

图 11.4　1961—2008 年华南区域制冷度日变化趋势分布(℃ · d/10 a)

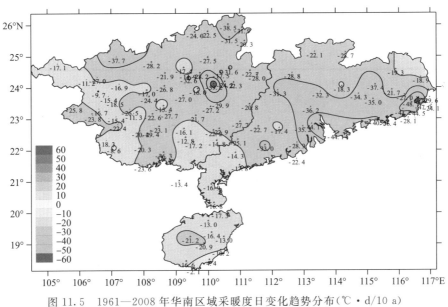

图 11.5　1961—2008 年华南区域采暖度日变化趋势分布(℃ · d/10 a)

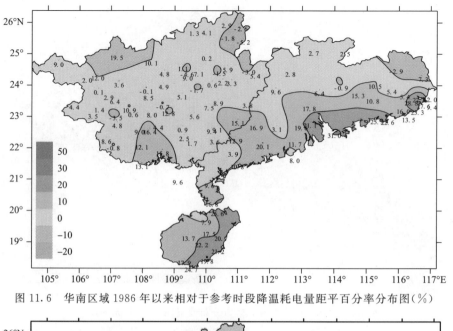

图 11.6　华南区域 1986 年以来相对于参考时段降温耗电量距平百分率分布图（%）

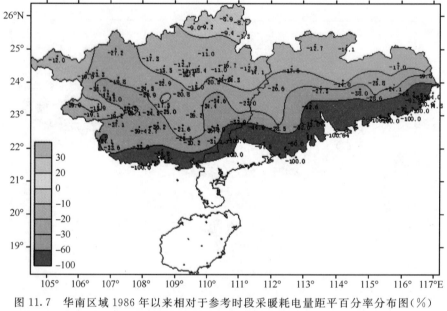

图 11.7　华南区域 1986 年以来相对于参考时段采暖耗电量距平百分率分布图（%）

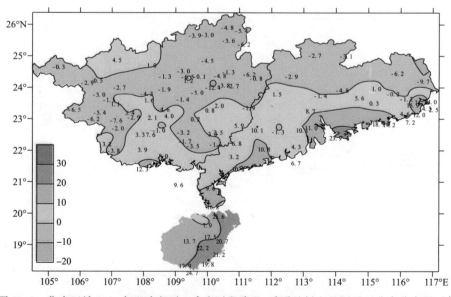

图 11.8　华南区域 1986 年以来相对于参考时段降温、采暖总耗电量距平百分率分布图（%）